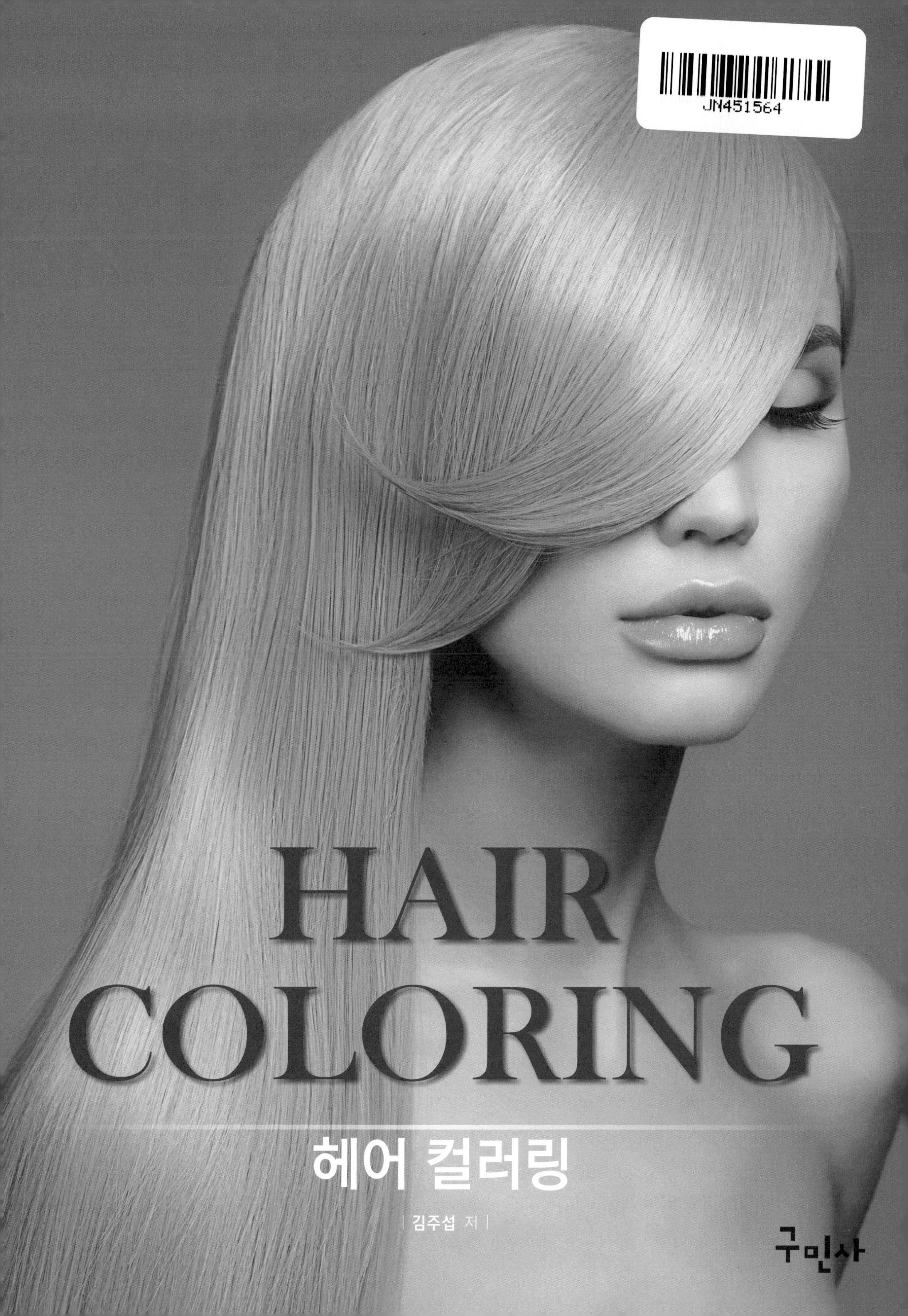

HAIR COLORING

헤어 컬러링

| 김주섭 저 |

구민사

소 개

이 모듈교재는 소분류 이 · 미용 분야, 세분류 헤어디자인의 헤어컬러와 관련된 능력단위로 헤어디자인 부분의 헤어컬러링 작업을 수행함에 있어 필요한 이론과 실습에 관한 내용으로 작성되었다.
또한 헤어컬러와 관련된 능력단위요소에 없는 내용도 필요에 의해 포함되어 있다. 헤어컬러링을 고객에게 시술함에 있어 가장 기본이 되는 내용인 염색약에 의한 알러지 반응을 확인할 수 있는 피부테스트하기, 고객에 맞는 헤어컬러 분석, 기본적인 헤어컬러, 그레이 헤어컬러, 크리에이티브 헤어컬러 능력단위의 내용을 기반으로 실습뿐만 아니라 실습에 필요한 이론인 색채학, 염모제 종류, 염모제 읽는 법, 염모제 배합, 염모제 종류, 염모제 원리, 탈색 레벨, 언더 컬러, 염모제의 조성으로 구성되어 있다.

구 성

헤어컬러 모듈교재는 사용 안내, 자기진단, 학습모듈로 구성되어 있다. 사용 안내는 전체적인 개요와 구성을 설명하고, 학습자에게 효과적인 활용방법 및 학습방법을 안내하는 역할을 한다. 자기진단은 학습모듈을 학습하기 전에 헤어컬러능력에 대한 학습자의 현재 수준을 진단하고, 학습자에게 필요한 학습활동을 안내하는 역할을 한다.

학습 모듈은 4가지 모듈로 구성되어 있으며, A-1 헤어컬러분석, A-2 베이직 헤어컬러, A-3 헤어컬러도포하기, A-4 크리에이티브 헤어컬러로 구성되어 있다.

A-1 헤어컬러분석은 고객의 피부톤, 체형 등에 어울리는 컬러분석의 내용이 주로 제시되어 있다.

A-2 베이직 헤어컬러는 염모제의 색상과 명도를 구분할 수 있어야 하며, 고객이 원하는 색상의 제품을 읽고 선정할 수 있어야 한다. 선정된 염모제를 회사별로 배합비율에 따라 배합할 수 있어야 하고, 원하는 색이 없을 시 배합으로 2차색, 3차색을 표현할 수 있어야 한다. 또한 모발의 길이와 기염부 등을 고려한 시술과 도포 내용으로 구성되었다.

A-3 헤어컬러도포는 백모염색 등을 더 잘하는 법, 도포 순서로 구성되어 있다.

A-4 크리에이티브 헤어컬러는 모발색이나 투톤, 쓰리톤과 같은 창의적이고, 트랜드에 맞는 내용으로 구성되어 있다. 헤어컬러는 안전하고 효과적으로 헤어컬러하기, 헤어컬러 준비하기, 헤어컬러 시술하기, 헤어컬러 시술 후 조언하기 등의 내용이 포함되어 있다.

체크리스트

다음은 헤어컬러 실무 업무를 수행하는데 요구되는 능력 수준을 스스로 알아볼 수 있는 체크리스트입니다. 본인의 평소 행동을 잘 생각해 보고, 일치하는 정도에 ✔ 표 해 주십시오.

직업기초능력

목적 : ☐ 채용 ☐ 배치 ☐ 승진	**헤어디자인_L2(헤어디자인 전문 어시스턴트)**

이 름 :

직 위 :

성 별 :

특이사항 :

직업기초능력

평가영역	평가문항	매우 미흡	미흡	보통	우수	매우 우수
의사소통능력	직장생활에서 필요한 문서를 확인하고, 읽고, 내용을 이해하여 업무 수행에 필요한 요점을 파악하는 능력을 기를 수 있다.	①	②	③	④	⑤
	직장생활에서 목적과 상황에 적합한 아이디어와 정보를 전달할 수 있는 문서를 작성할 수 있다.	①	②	③	④	⑤
	다른 사람의 말을 주의 깊게 듣고 적절하게 반응할 수 있다.	①	②	③	④	⑤
	목적과 상황에 맞는 말과 비언어적 행동을 통해 아이디어와 정보를 찾고, 이를 효과적으로 전달할 수 있다.	①	②	③	④	⑤
	외국어로 된 간단한 자료를 이해하거나, 간단한 외국인의 의사표현을 이해하고, 자신의 업무와 관련하여 필요한 기초 외국어능력을 기를 수 있다.	①	②	③	④	⑤
수리능력	직장생활에서 필요한 기초적인 사칙연산과 계산방법을 이해하고 활용하는 능력을 기를 수 있다.	①	②	③	④	⑤
	직장생활에서 평균, 합계, 빈도와 같은 기초적인 통계기법을 활용하여 자료의 특성과 경향성을 파악하는 능력을 기를 수 있다.	①	②	③	④	⑤
	직장생활에서 도표(그림, 표, 그래프 등)의 의미를 파악하고, 필요한 정보를 해석하는 능력을 기를 수 있다.	①	②	③	④	⑤
	직장생활에서 도표(그림, 표, 그래프 등)를 이용하여 결과를 효과적으로 제시하는 능력을 기를 수 있다.	①	②	③	④	⑤
문제해결능력	직장생활에서 발생한 문제를 해결하기 위해서 창의적, 논리적, 비판적으로 생각할 수 있다.	①	②	③	④	⑤
	직장생활에서 발생한 문제를 올바르게 인식하고 적절한 해결책을 적용하여 해결할 수 있다.	①	②	③	④	⑤
자기개발능력	직장생활에서 다양한 방법으로 자신의 장단점, 흥미, 적성 등을 분석하여 자신의 가치를 설명할 수 있다.	①	②	③	④	⑤
	직장생활에서 직업인으로서 자신의 역할과 목표를 정립하고, 이를 위하여 자신의 행동과 업무수행을 관리하고 통제할 수 있다.	①	②	③	④	⑤
	직업인으로서 자신의 경력단계를 이해하고 이에 적절한 경력개발 계획을 수립할 수 있다.	①	②	③	④	⑤
자원관리능력	직장생활에서 필요한 시간을 확인하고, 확보하여 업무 수행에 이를 할당할 수 있다.	①	②	③	④	⑤
	직장생활에서 필요한 예산을 확인하고, 확보하여 업무 수행에 이를 할당하는 능력을 기를 수 있다.	①	②	③	④	⑤
	직장생활에서 필요한 물적 자원을 확인하고, 확보하여 업무 수행에 이를 할당할 수 있다.	①	②	③	④	⑤
	직장생활에서 필요한 인적자원을 확인하고, 확보하여 업무 수행에 이를 할당하는 능력을 기를 수 있다.	①	②	③	④	⑤

평가영역	평가문항	매우 미흡	미흡	보통	우수	매우 우수
대인관계능력	직장생활에서 다른 구성원들과 목표를 공유하고 원만한 관계를 유지하며, 자신의 역할을 이해하고 책임감 있게 업무를 수행할 수 있다.	①	②	③	④	⑤
	직장생활 중 조직구성원들의 업무 향상에 도움을 주며 동기화시킬 수 있고, 조직의 목표 및 비전을 제시할 수 있다.	①	②	③	④	⑤
	직장생활에서 조직구성원 사이에 갈등이 발생하였을 경우 이를 원만히 조절할 수 있다.	①	②	③	④	⑤
	직장생활에서 협상 가능한 목표를 세우고 상황에 맞는 협상전략을 선택하여 다른 사람과 협상하는 능력을 기를 수 있다.	①	②	③	④	⑤
	고객서비스에 대한 이해를 바탕으로 실제 현장에서 다양한 고객에 대처할 수 있으며, 고객만족을 이끌어 낼 수 있는 능력을 기를 수 있다.	①	②	③	④	⑤
정보능력	직장생활에서 컴퓨터 관련 이론을 이해하여 업무수행을 위해 인터넷과 소프트웨어를 활용할 수 있다.	①	②	③	④	⑤
	직장생활에서 필요한 정보를 찾아내고, 업무수행에 적합하게 조직 · 관리하여 활용할 수 있다.	①	②	③	④	⑤
기술능력	기본적인 직장생활에 필요한 기술의 원리 및 절차를 이해하는 능력을 기를 수 있다.	①	②	③	④	⑤
	기본적인 직장생활에 필요한 기술을 선택할 수 있다.	①	②	③	④	⑤
	기본적인 직장생활에 필요한 기술을 실제로 적용하고 결과를 확인할 수 있다.	①	②	③	④	⑤
조직이해능력	직장생활에서 직업인으로서 다른 나라의 문화를 이해하고 국제적인 동향을 파악하는 능력을 기를 수 있다.	①	②	③	④	⑤
	직장생활에서 직업인으로서 자신이 속한 조직의 구조와 목적, 문화, 규칙 등과 같은 조직체제를 파악하는 능력을 기를 수 있다.	①	②	③	④	⑤
	직장생활에서 직업인으로서 자신이 속한 조직의 경영목표와 경영방법을 이해하고, 경영의 한 주체로서 조직경영에 참여하는 능력을 기를 수 있다.	①	②	③	④	⑤
	직장생활에서 직업인으로서 자신에게 주어진 업무의 성격과 내용을 알고 업무처리 절차에 따라 업무를 효과적으로 수행할 수 있다.	①	②	③	④	⑤
직업윤리	직업윤리를 실천하기 위하여 근면하고 정직하며 성실하게 업무에 임하는 자세를 배양할 수 있다.	①	②	③	④	⑤
	직업윤리를 실천하기 위하여 봉사하며, 책임있고, 규칙을 준수하고, 예의바른 태도로 업무에 임하는 자세를 배양할 수 있다.	①	②	③	④	⑤

직무수행 능력 진단방법

아래 표를 이용하여 체크리스트의 문항별로 자신이 체크한 결과에 해당하는 개수를 적어보자.

평가영역		평가문항	매우 미흡	미흡	보통	우수	매우 우수
헤어 서비스	헤어컬러 준비하기	헤어컬러 서비스 전 희망 색상을 확인하기 위해 스트랜드 테스트(Strand Test)를 할 수 있다.	①	②	③	④	⑤
		헤어컬러 서비스 전 알레르기 반응 확인을 위해 패치 테스트(Patch Test)를 할 수 있다.	①	②	③	④	⑤
		고객의 옷에 염모제가 묻지 않도록 어깨보, 가운 등을 착용해 줄 수 있다.	①	②	③	④	⑤
		피부 보호를 위해 얼굴, 목, 귀 등에 보호제품을 도포할 수 있다.	①	②	③	④	⑤
		모발 상태에 따라 전처리제를 처리할 수 있다.	①	②	③	④	⑤
	블리치 레벨차트 만들기	헤어 스와치에 블리치 제품을 도포할 수 있다.	①	②	③	④	⑤
		블리치 명도에 따라 2제의 농도(%)를 선택하여 배합할 수 있다.	①	②	③	④	⑤
		블리치 명도에 따라 처리시간을 결정하고 가온기를 사용할 수 있다.	①	②	③	④	⑤
		블리치 명도에 따라 10레벨의 블리치 레벨차트를 만들 수 있다.	①	②	③	④	⑤
		고객의 모발색과 희망색의 명도(레벨)를 분석하여 고객염색차트를 작성할 수 있다.	①	②	③	④	⑤
헤어 컬러 분석	헤어컬러 색상환 만들기	헤어 스와치에 반영구 염모제를 혼합하여 2차색과 3차색을 도포할 수 있다.	①	②	③	④	⑤
		헤어 스와치에 반영구 염모제 1차색을 도포할 수 있다.	①	②	③	④	⑤
		헤어 스와치에 반영구염모제와 영구염모제의 한색과 난색을 도포할 수 있다.	①	②	③	④	⑤
		고객의 희망색을 분석하여 염모제를 선택하고 고객염색차트를 작성할 수 있다.	①	②	③	④	⑤
		염색처리 후 세척하여 헤어컬러 색상환(헤어컬러차트)을 만들 수 있다.	①	②	③	④	⑤
	헤어컬러 보색 중화하기	헤어컬러 스와치의 염색 색상을 중화하는 염모제 색을 결정할 수 있다.	①	②	③	④	⑤
		염모제를 도포하고 처리시간을 결정할 수 있다.	①	②	③	④	⑤
		헤어컬러 스와치를 세척하여 보색 중화차트를 만들 수 있다.	①	②	③	④	⑤
		보색의 중화결과인 갈색을 확인할 수 있다.	①	②	③	④	⑤
		고객의 염색 색상을 분석하고 보색염모제를 선택하여 고객염색 차트를 작성할 수 있다.	①	②	③	④	⑤

Hair Coloring

평가영역		평가문항	매우 미흡	미흡	보통	우수	매우 우수
베이직 헤어 컬러	베이직 헤어컬러 하기	고객의 의복, 피부 등에 염모제가 묻지 않도록 가운, 어깨보 등을 착용해 줄 수 있다.	①	②	③	④	⑤
		베이직 헤어컬러를 서비스하기 위한 도구 및 재료를 준비할 수 있다.	①	②	③	④	⑤
		두피 및 모발 상태에 따라 전처리 제품을 선정하고 도포할 수 있다.	①	②	③	④	⑤
		모발 상태에 따라 염모제 도포를 위한 블로킹과 슬라이스를 할 수 있다.	①	②	③	④	⑤
		원터치 및 투터치 방법으로 염모제를 도포할 수 있다.	①	②	③	④	⑤
	베이직 헤어컬러 마무리하기	염모제의 발색 촉진을 위해 가온기나 음이온기기를 사용할 수 있다.	①	②	③	④	⑤
		염모제를 제거하기 위한 마무리 샴푸를 할 수 있다.	①	②	③	④	⑤
		피부에 묻은 염 · 탈색제를 제거할 수 있다.	①	②	③	④	⑤
		타월드라이 및 핸드드라이 기법으로 모발을 건조시킬 수 있다.	①	②	③	④	⑤
그레이 헤어 컬러	그레이 헤어컬러 하기	두피 및 모발 상태에 따라 전처리 제품을 선정하고 도포할 수 있다.	①	②	③	④	⑤
		두상에 분포되어 있는 새치 및 백모의 비율을 파악하고 상담을 통해 감추기, 섞이기 등의 고객 요구사항을 파악할 수 있다.	①	②	③	④	⑤
		목적에 맞게 배합한 염모제를 도포하기 위한 블로킹과 슬라이스를 할 수 있다.	①	②	③	④	⑤
		목적에 맞게 배합한 염모제를 모발에 도포할 수 있다.	①	②	③	④	⑤
	그레이 헤어컬러 마무리하기	두피 및 모발에 잔류하는 염모제가 완전히 제거되도록 샴푸할 수 있다.	①	②	③	④	⑤
		헤어라인 등 피부에 묻은 염모제를 제거할 수 있다.	①	②	③	④	⑤
		샴푸 후 젖은 모발을 건조시켜 블로우 드라이어 또는 헤어 매직기를 사용하여 스타일링 할 수 있다.	①	②	③	④	⑤

진단결과

진단방법에 따라 자신의 수준을 진단한 후, '미흡하다' 문항이 나오면 그 문항에 해당하는 부분이 부족한 것으로 학습내용을 다시 한 번 학습하여 부족한 부분을 보충학습 한다.

영 역	점 수
직업기초능력	영역별 점수 합산
직무수행능력	영역별 점수 합산
합 계	점수 합계

* 출처 : 국가직무능력표준 세분류 : 헤어미용

I 헤어컬러분석

II 베이직 헤어컬러

III 헤어컬러 도포하기 I

IV 헤어컬러 도포하기 II

V 크리에이티브 헤어컬러

VI 헤어컬러 마무리하기

VII 헤어컬러 Q & A

I

헤어컬러분석

I 헤어컬러 분석

염 · 탈색 시술 시 고객이 원하는 컬러를 파악하고 시술자가 고객에게 컬러를 추천하고자 할 때 고객의 기존 헤어톤, 직업, 피부톤 등 헤어컬러분석을 통해 컬러를 제시해야 한다.
이 장에서는 헤어컬러분석을 위한 방법을 설명하고자 한다. 헤어컬러분석을 위해서는 색채에 대한 기본 개념과 서로 어울리는 컬러 등을 이해하여야 한다.

1. 색채이론

1 모발과 색채이론

색이란 빛의 광선의 움직임에 의해 생기는 것으로, 염색과정을 통해 모발에 착색된 인공색소나 모발에 있는 자연 색소에 의해 광선이 흡수되거나 반사되었을 때 생긴다. 자연적인 모발색은 멜라닌(Melanin)에 의한 빛의 흡수나 반사에 의해 일어난다. 멜라닌은 모피질(Cortex)에서 발견되는 색소이다. 멜라닌의 크기, 양, 분포가 모발의 색을 결정짓는다. 모피질에 분포되어 있는 큰 멜라닌 분자들의 양이 많을수록 짙은 색을 띠게 되고 작은 멜라닌 분자들이 적은 양으로 분포되어 있을수록 밝은 색이 나타나게 된다.

멜라닌의 크기, 양, 그리고 분포에 있어서 무수한 결합가능성이 모든 자연 모발색을 만들어낸다. 모발 염색과정에서 이러한 자연현상을 모방하여 자연의 것과 거의 비슷한 색을 만들어낸다. 어떤 색소분자가 빛을 선택하여 흡수하거나 반사함으로써 이 세상의 모든 색이 만들어지는 것이다.
예를 들어 우리가 빨간색을 본다는 것은 노랑, 빨강 그리고 주황빛이 눈에 반사되는 한편 파랑, 초록 그리고 보랏빛이 색소에 의해 흡수됐다는 것을 의미한다.
색을 연구하는 학자들은 이러한 현상을 빛의 반사와 흡수에 관한 어떤 법칙을 세우는 기반으로 사용했다. 색의 법칙(Laws of Color)이라 알려진 이 법칙의 그 기본 개념들을 통해 색을 다루는 모든 사람들이 어떻게 다른 색들이 형성되는 지도 이해할 수 있게 된다.

2 색의 3원색

다른 색들을 만들기 위해서는 색의 법칙에 근거하여 염료와 색소가 섞이는 것을 조절해야 한다. 이는 과학에 기초하고 있고, 예술에 적용된다. 색의 법칙은 조화로운 색의 혼합을 위한 지침이 된다.

원색 (기본색 : Primary colors)

기본색이란 다른 색을 혼합하여 만들어낸 것이 아닌, 기초적인 순수한 색들이다. 3가지 기본색은 빨강(Red), 노랑(Yellow), 파랑(Blue)이다. 다른 모든 색들은 일차색의 혼합에 의해 만들어진다.

2차색 (등화색 : Secondary colors)

등화색은 원색 두 가지를 같은 양으로 혼합하여 얻어지는 색이다. 같은 양으로 혼합했을 경우, 노랑(Yellow)과 파랑(Blue)은 녹색(Green)을, 파랑(Blue)과 빨강(Red)은 보라색(Violet)을, 그리고 빨강(Red)과 노랑(Yellow)은 주황색(Orange)을 만들어낸다.

두 가지 색을 혼합하면 여러 가지 색을 만들 수 있으며 삼원색을 전부 혼합하면 무채색이 된다.

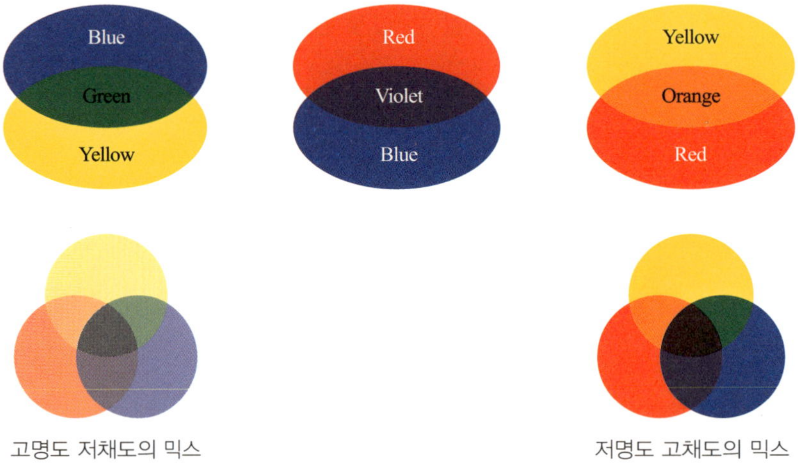

3원색과 2차색

보색 (Complementary colors)

보색이란 색상환(Color Wheel) 안에서 서로 반대되게 위치해 있는 어느 두 가지 색을 말한다. 이들 둘은 혼합하면 서로를 중화시키는 작용을 한다. 예를 들면 같은 양의 빨강과 녹색은 서로를 중화시켜서 갈색(Brown)을 만들어 낸다. 주황과 파랑도 서로를 중화시키고, 노랑과 보라 역시 서로를 중화시킨다. 보색은 항상 기본색 하나와 등화색 하나로 이루어진다. 보색의 한 조는 항상 3가지 원색으로 이루어지게 되는 것이다. 예를 들어 색상환을 보면 빨강(기본색=원색)의 보색은 녹색(등화색 = 2차색)이다. 녹색은 파랑과 노랑으로 이루어져 있다. 이들은 모두 원색=기본색이다.

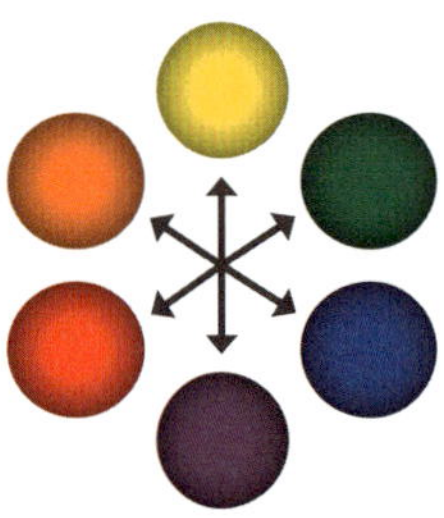

〈보색의 효과〉
① 서로의 색을 상반되게 한다.
② 명도가 낮아진다.
③ 색이 어두워진(채도가 낮아진다).

보색

3 색의 3속성

색상 (Hue)

유채색은 각기 색감과 성질을 달리하고 있다. 이들 색을 구별하는 데는 색의 이름을 필요로 한다. 색명으로 구별되는 모든 색들은 감각으로 느낄 수 있는데 이러한 색의 속성을 색상이라고 한다.

- 명도, 채도와 상관없이 어떠한 색깔을 띠는가 구별하는 성질
- 색상의 계열은 크게 3가지로 나눔(계절과도 관계 있음)

① 난색계열 : 2차색상인 주황색을 중심으로 한 주변의 색상, 따뜻한 느낌을 줌
(주황색, 구리색, 붉은색, 황금색, 장미색)

② 한색계열 : 1차색상인 파란색을 중심으로 한 주변의 색상, 차가운 느낌을 줌
(파란색, 재색, 은색 등)

③ 중성계열 : 녹색 및 보라색 주변의 색상, 차거나 따뜻한 느낌이 없는 중간계열
(보라색, 적포도주색)

색상환

명도 (Value)

무채색과 유채색의 공통점은 밝음과 어두움을 가지고 있다는 점이다. 밝음과 어두움을 가지고 있는 것을 밝기의 정도로 표시하는 것이 명도이다. 흰색(White)과 검정(Black) 사이에 명도가 다른 회색(Grey)의 단계를 균등하게 등분하여 차례로 표현한 것이 명도의 단계이다. 이 명도의 단계는 무채색을 모두 11단계로 구분하여 모든 빛깔의 명도 기준으로 한다.

① 밝음과 어둠을 나타냄, 밝기의 정도를 표시

② 명도의 단계

흰색과 검정 사이에 명도가 다른 회색의 단계를 균등하게 등분하여 차례로 표현한 것

- 어두운 색 : 흑색 계열로 보통 1 ~ 2 범위 중간
- 밝은 색 : 밤색 계열로 보통 3 ~ 5 범위
- 밝은 색 : 황금색 계열로 보통 6 ~ 10 범위

채도 (Chroma, Saturation)

색의 순도, 색의 선명도. 즉, 색채의 강하고 약한 정도를 말한다. 동일 색상 중에 채도가 가장 높은 색을 순색(Pure color)이라 하고 선명치 못하며 채도가 낮은 것을 탁색(Dull color)이라 한다.

① 색의 순도, 선명도를 나타냄, 맑고 탁함의 정도를 표시

② 채도에 따라서 순색, 청색, 탁색으로 구분

- 순색 : 최고 채도의 색으로 색상 중에서 최고로 맑고 짙은 색
- 청색 : 중간 채도의 색으로 순색에 백색이나 흑색을 섞은 색
- 탁색 : 최저 채도의 색으로 순색에 회색을 섞은 색

2. 컬러 분석

고객이 요구하는 희망 컬러를 상의하고 그에 어울리는 제안을 해야 한다.

1 색 선택의 힌트

눈동자의 색, 피부색 등은 색을 선택할 때 힌트가 된다.

① 눈동자의 색

- 홍채의 색을 본다.
- 멜라닌 색소의 색을 체크한다.(언더 컬러 예측)

② 피부색

- 블루 베이스의 피부(핑크계)
  - 피부의 색을 돋보이게 한다. → 오렌지빛, 구릿빛, 레드빛
  - 피부의 색에 어울리게 한다. → 에쉬빛, 바이올렛, 레드빛
- 옐로우 베이스의 피부(오클계)
  - 피부의 색을 돋보이게 한다. → 메트계, 에쉬빛, 구릿빛
  - 피부의 색에 어울리게 한다. → 골드빛, 오렌지빛, 메트계

2 광원에 따른 색 보기 방법의 차이

색은 같은 색이라도 빛(광원)에 따라 보는 방법이 달라진다.
예를 들어 자연광 아래에서는 한쪽으로 치우쳐 보이지 않는 브라운으로 보여도, 형광등 아래에서는 애쉬계로, 백열등 아래에서는 오렌지계로 보인다.
고객의 라이프 스타일을 고려하여 색을 선택하는 것이 중요하다.

색상환 만들기 실습

3. 모발의 색

1 유멜라닌(Eumelanin)

- 검정과 갈색 색조와 같은 모발의 어두운 색을 결정하며 많을수록 어두워진다.
- 크기가 크다.
- 주로 동양인에게 많다.
- 동, 코발트, 철을 다량 함유하여 입자형색소라고도 한다.
- 도파퀴논에서 도파크롬의 경로를 거쳐 흑갈색의 유멜라닌이 생성된다.

Trichosiderin

색상에 관계되는 아미노산인 tyrosine을 원료로 하여 형성되는 흑멜라닌, 적멜라닌, 혼합멜라닌 등은 과립(granule)을 형성하여 멜라닌의 유형과 분포, 양에 따른 정도 등의 요인에 의해 모발의 밝기를 결정시켜 사람마다 독특한 모발색이 드러난다.

2 페오멜라닌(Pheomelanin)

- 붉은색과 노란색 같은 좀 더 밝은 색조를 담는다.
- 모발의 밝은 색을 결정하며 많을수록 모발색이 밝아진다.
- 색입자가 작고 모발 전체에 퍼져 있다.
- 분사형 입자로 탈색 시 잘 빠지지 않는다.
- 서양인에게 많다.
- 도파퀴논이 케라틴 단백질에 존재하는 시스테인(cysteine)과 결합한 후 적갈색의 페오멜라닌이 생성된다.

3 멜라닌(Melanin)의 특징

① 강알칼리제에 용해
② 산화제에 표백은 환원성
③ 포르말린과 반응하여 일차형광 tyrosinase activity 양성

4 멜라닌의 대체물

① Squid ink는 염모제 색소로 사용되고 있다.
② 티로신

4. 내추럴 시퀀스와 모발의 색

자연계의 색을 보는 방법과 헤어 컬러의 표현에는 관련성이 있다.

1 내추럴 시퀀스란

색에는 아름답게 보이는 고유의 밝기가 있는데, 그것은 색상마다 다르다.
적색부터 색상의 그라데이션 순서대로 나열하면, 황색을 정점으로 한 산 모양의 완만한 커브를 그린다. 이 연결을 내추럴 시퀀스(natural sequence of hues, 색상의 자연연쇄)라고 한다.

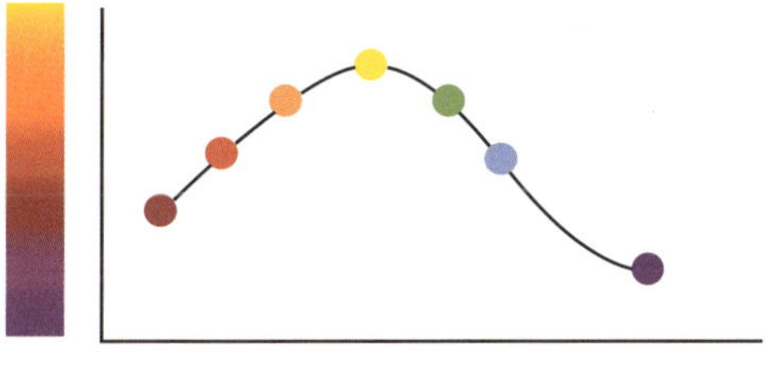

내추럴 시퀀스

언더 컬러의 변화는 밝아짐에 따라 적색 ~ 황색으로 변화한다.(내추럴 시퀀스와 똑같이 작용). 헤어 컬러로 표현하는 색의 세계는 이 언더 컬러와의 조화에 따라 생겨난다.

명도와 색 표현

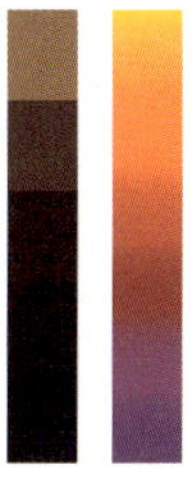

명도	색 표현	
12	황색 계열 표현이 쉽다.	
10	오렌지색 계열 표현이 쉽다.	매트계열 표현이 쉽다.
8		애쉬계열 표현이 쉽다.
6	적색 계열 표현이 쉽다.	
4	자색 계열 표현이 쉽다.	

헤어 컬러는 언더 컬러와 약제색의 조합으로 표현된다.
헤어 컬러에서 표현하면서 모발의 색 변화와 색상이 가지는 특성을 활용한다.

5. 자연모발의 명도레벨

모발의 멜라닌 색의 양에 의해 결정된다.

1 자연모발의 명도와 색상

명도	색상
1	흑색 (black)
2	아주 어두운 갈색 (very dark brown)
3	어두운 갈색 (dark brown)
4	갈색 (brown)
5	밝은 갈색 (light brown)
6	어두운 황갈색(dark blonde)
7	황갈색 (medium blonde)
8	밝은 금발 (light blonde)
9	아주 밝은 금발 (very light blonde)
10	아주 아주 밝은 금발(extra light blonde)
12	매우 아주 밝은 금발(very extra light blonde)

각각의 레벨은 분사형과 입자형의 멜라닌을 함유하고 있다. 아래 그림은 입자형 멜라닌의 크기와 밀도에 따라 모발색이 달라 보이는 것을 레벨로 표시한 것이다.
밝은 갈색의 명도는 적은 양의 크고 굵은 입자형 멜라닌이 들어 있으며, 어두운 금발의 경우는 입자형 멜라닌의 크기가 작으며 밀도가 높다.

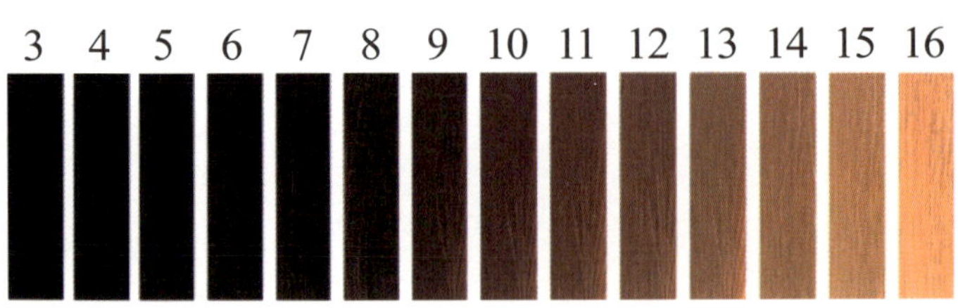

자연모레벨

2 언더 컬러

각 레벨에서 강하게 느끼는 색을 말한다. 색미 표현을 하는 포인트가 된다.(RV – R – RO – O– YO– Y)

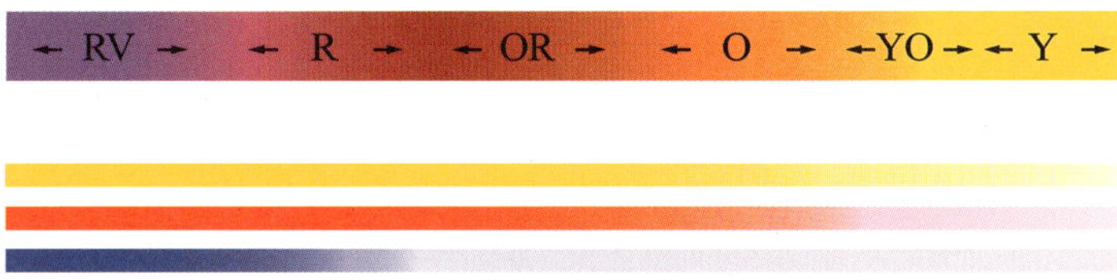

언더컬러

보통 10단계로 나뉘나, 12단계 이상으로 나뉘는 경우도 있다.
12단계 이상으로 나뉠 때는 레벨단계를 1/2로 하면 10단계로 적용할 수 있다.

3 레벨

모발은 탈색제를 도포한 후 시간이 지남에 따라 밝기가 변화한다.
레벨은 그 밝기를 단계별로 수치화시킨 것으로, 밝기를 나타내는 단위이다.

6. 탈색 레벨(bleach level)

탈색 레벨

명도	색상
1	아주 어두운 빨강
2	아주 어두운 빨강
3	아주 어두운 빨강
4	빨강
5	빨강 오렌지
6	오렌지
7	노랑 오렌지
8	노랑
9	밝은 노랑
10	아주 밝은 노랑

7. 언더틴트(Under tint)

이미 컬러를 한 모발에 남아있는 색소를 말한다.(잔류색소)

예 메트계로 염색한 경우

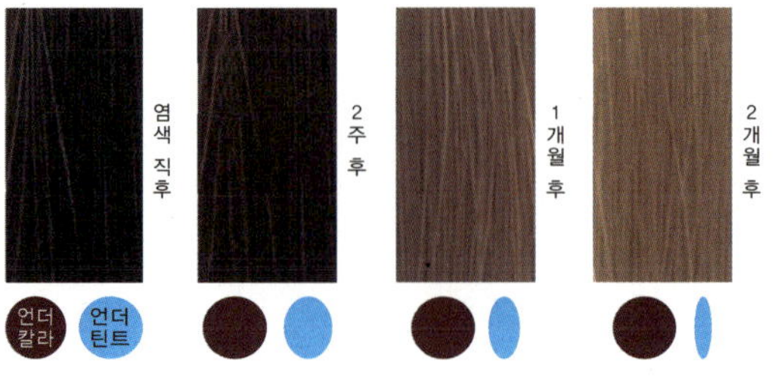

8. 톤(Tone)

언더 컬러+염료색으로 염색한 후의 모발 상태를 표현하는 데 사용한다.

예 에쉬계 8레벨

9. 언더컬러와 모발의 명도, 색미의 변화

언더컬러와 명도와 색미의 변화

레벨	3	4	5	6	7	8	9	10	11	12	13	14	15	16
모발의 변화														
언더컬러	RV		R			RO			O			YO		Y
	레드색을 강하게 느끼는 영역				오렌지색을 강하게 느끼는 영역						옐로우색을 강하게 느끼는 영역			
이미지 멜라닌 색소														

10. 염모제의 색

회사별로 염모제의 색을 표현하는 방법이 다를 수 있다.

1 I.C.C(International Color Code)

국제적으로 염모제의 색 표현을 동일하게 하고자 만든 컬러 코드이다.

I.C.C 넘버

TONE(번호)	색상
0	NATURAL(자연계열)
1	ASH(잿빛)
2	VIOLET ASH(진주)
3	GOLD(금빛)
4	COPPER(오렌지, 구릿빛)
5	MAHOGANY(적자색)
6	RED(적색)
7	MATT(그린)

2 I.C.C 넘버와 보색의 관계

I.C.C 넘버와 보색

1(잿빛)	⟷	4(구릿빛)
2(바이올렛)	⟷	3(황금색)
6(적색)	⟷	7(녹색)
5(적자색)	⟷	1(잿빛), 7(녹색)

3 염모제 읽기

각 회사별로 염모제 쉐이드 보는 법은 조금씩 차이가 있다.

예를 들어

- A-80이라고 하면 A는 색상을, 8은 명도 레벨을 말한다.
- 7. 43이라고 하면 앞의 7은 명도를, 뒤의 4는 1차 반사색, 3은 2차 반사색을 나타내는 것이다.

이러한 표기의 쉐이드를 읽으려면 I.C.C 넘버의 색을 잘 알고 있어야 한다.

1 잿빛, 2 보랏빛, 7 매트 → 차가운 계열의 색

3 금빛, 4 구릿빛, 5 자줏빛, 6 적빛 → 따뜻한 계열의 색

6	·	4	5
명도 (모발 밝기)		1차색 주색 1차반사빛	2차색 보조색 2차반사빛

읽는 법

뒤에서 앞으로(단, 반사빛이 2색상일 때는 주색을 먼저 읽음)

① 1차색이 오렌지이고 2차색이 적자색을 띠는 어두운 황갈색

② 주색이 오렌지이고 보조색이 적자색을 띠는 어두운 황갈색

③ 1차 반사빛이 오렌지이고 2차 반사빛이 적자색을 띠는 어두운 황갈색

6 / 4 5 위와 동일

5 · 0 5

5 · 0 (자연스러운) 밝은 갈색

5 · 5 0 아주 진한 갈색

* 단 회사마다 조금씩 다를 수 있음. 제품설명서 참조

염모제 읽기

4 회사별 염모제의 색 조합(컬러디스크)

컬러디스크는 각 염모제 회사별로 염모제 색 군이 어디 부분에 많이 분포되어 있는지를 알아 볼 수 있다.

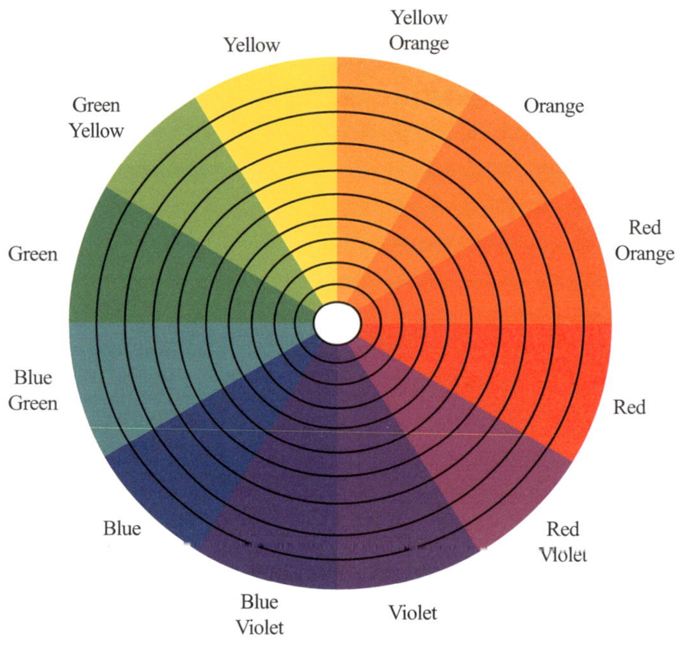

컬러 디스크

II

베이직 헤어컬러

II 베이직 헤어컬러

1. 고객의 모발 이력 파악

우선 염색 시술을 하기 전에 고객의 기본 모발색, 예전 염색에 의한 모발의 색, 손님에게 어울리는 모발의 색, 모발의 성질 등을 파악해야 한다.

1 고객 모발의 이력 파악

모발 체크 (Hair Check)

염색 시술을 하기 전에 다음 사항에 대하여 주의하자.

① 문진 : 손님에게 묻는다.

② 시진 : 눈으로 보고 확인한다.

③ 촉진 : 만지고 확인한다.

붉은색이 나타나기 쉽다. 밝게 되기 어렵다.	황색이 나타나기 쉽다. 밝게 되기 쉽다.
· 굵은 모발 · 단단한 모질 · 발수성 모 · 검은 모	· 가는 모발 · 부드러운 모질 · 흡수성 모 · 밝은 모

고객모발이력

두피진단

습진, 피부염, 상처 등의 트러블이 없는지 주의하자.

Point 모발의 이력

- 멜라닌 색소와 틴트(염료)의 나머지 상태로 손님의 컬러 이력을 확인한다.
- 파마의 유무를 확인한다.
- 특히 축모 교정을 하고 있는 경우는 명도가 너무 높아지거나, 반대로 높아지지 않는 경우가 있으므로 주의한다.
- 모발의 손상의 유무를 확인한다.

2. 모발에 염색 색상 표현 테스트 해보기

1 스트랜드 테스트

- 실제 시술에 들어가기 전 모발의 상태와 색을 사전에 체크하기 위한 테스트이다.
- 매니큐어를 하고 있지 않은지, 검게 톤 다운하지 않았는지 확인한다.
- 명도의 높이와 컬러의 유무 등을 알기 어려울 때에는 사전에 테스트를 한다.
- 블리치제 + OX 6% 혹은 사용할 예정인 약제를 확인한다.

1제 2제의 혼합 비율

1제와 2제의 혼합 비율은 각 제조 회사별로 조금씩 차이가 있다.

예 A사는 1 : 1의 비율로 혼합하고 B사는 1 : 1.5의 비율로 혼합하고 C는 1 : 2의 비율로 혼합한다.

테스트 과정 (Process)

① 표면에 나타나지 않는 부분으로 테스트 한다.

② 1cm 각의 모속을 잡아 사용약제를 도포한다.

③ 15분 방치한 후, 약제를 닦아 내고 모발의 상태를 확인한다.

④ 미묘한 색을 표현할 때에는 희망색, 추천색 등이 발색하는지 사전에 확인한다.

⑤ 사용할 예정의 약제로 테스트 한다.

⑥ 프론트 사이드 1cm 각의 모속을 잡아 손님에게 확인시켜 준다.

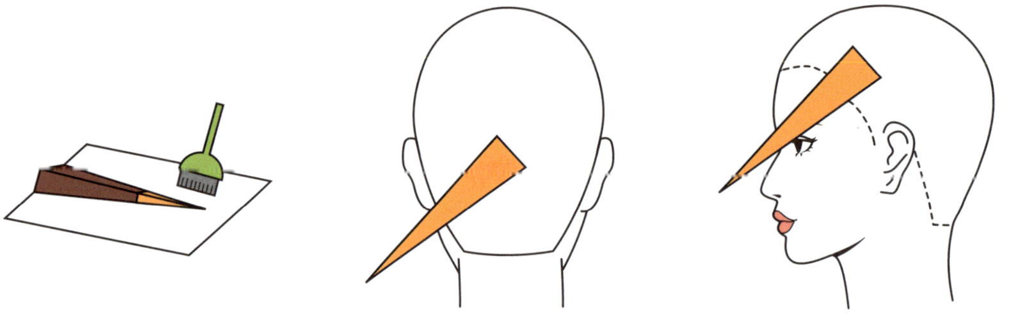

2 패치테스트 하기

염색하기 전에 염모제에 피부염(알러지 반응)이 있는 체질인가를 조사하는 패치테스트(피부시험)를 반드시 실시하여야 한다.

패치테스트 방법

① 사용하는 색 번호의 1제와 2제를 1제 : 2제 = 1 : 1(12레벨 이상은 1 : 2)로 혼합하여 테스트액을 만든다.

② 팔 안쪽에 10원짜리 동전 크기로 테스트액을 얇게 바르고, 자연스럽게 건조시킨다.

③ 건드리지 말고 그대로 48시간 방치한다. 약제를 바른 부분에 부기나 수포, 가려움 등 이상이 있을 시에는 바로 씻어 내고 테스트를 중지하며 염색을 금하여야 한다. 문제가 없을 시에는 바로 염색을 한다.

3. 고객의 원하는 염모제 색 선정

고객의 희망색을 듣고 그에 어울리는 제안을 하여야 한다.

1 색 선정 시 고려사항

눈동자의 색, 피부색 등은 색을 선택할 때 힌트가 된다.

눈동자의 색 → 홍채의 색을 본다.

멜라닌 색소의 색을 체크한다(언더 컬러 예측).

피부색

① 블루 베이스의 피부(핑크계)

- 피부의 색을 돋보이게 한다. → 오렌지빛, 구릿빛, 레드빛
- 피부의 색에 어울리게 한다. → 애쉬빛, 바이올렛, 레드빛

② 옐로우 베이스의 피부(오클계)

- 피부의 색을 돋보이게 한다. → 메트계, 애쉬빛, 구릿빛
- 피부의 색에 어울리게 한다. → 골드빛, 오렌지빛, 메트계

광원에 따른 색 보기 방법의 차이

- 같은 색이라도 빛(광원)에 따라 보는 방법이 달라진다.
- 예를 들어 자연광 아래에서는 한쪽으로 치우쳐 보이지 않는 브라운으로 보여도, 형광등 아래에서는 애쉬계로, 백열등 아래에서는 오렌지계로 보인다.
- 고객의 라이프 스타일을 고려하여 색을 선택하는 것이 중요하다.

4. 색 배합하기

색 선정이 끝나면 회사별로 제조된 염모제를 사용 설명서에 따라 배합한다.

1 배합 순서

① 저울을 준비한다.
② 선정된 염모제를 준비한다.
③ 저울 위에 염색볼을 올려놓고 "0"을 맞춘다.
④ 배합할 염모제 1제를 염색볼에 담는다.
⑤ 다시 저울의 "0"을 맞춘다.
⑥ 염모제 2제(산화제)를 염색볼에 담는다(회사별로 1 : 1, 1 : 2 비율).
⑦ 염색 브러쉬로 염색볼에 있는 염모제 1제와 2제(산화제)를 배합한다(배합이 고루 고루 되도록 브러쉬로 많이 젓는다).

1. 염색볼, 염색브러쉬

2. 저울 준비

3. 저울 위에 염색볼 올려놓고 "0점" 맞추기

4. 염색볼에 염모제 담기

5. 원하는 염모제의 양 확인하기

6. 다시 "0점" 맞추기

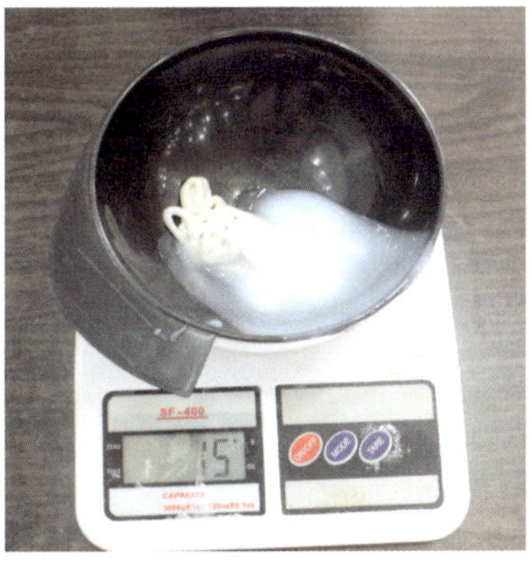

7. 염모제 비율에 맞춰 산화제 담기

8. 염모제와 산화제 배합하기

* 염모제 짜개

색 배합하기

5. 염모제의 색상 혼합하여 2차색, 3차색 만들기

고객이 원하는 색이 염모제 색상에 없을 때는 색채이론에 근거하여 모발의 색을 혼합하여 2차색, 3차색을 만들어야 한다.

- 노랑 + 파랑 = 초록
- 빨강 + 파랑 = 보라
- 노랑 + 빨강 = 주황

6. 염모제의 종류

고객에게 시술하는 염모제는 성분별, 염색의 지속력, pH별로 종류가 다양하다.

1 염색의 지속성에 따른 분류

일시적염모제 (Temporary color)

모발 표면에 색을 입히는 것으로 입자가 크기 때문에 표피층을 뚫고 들어가지 못하고 한 번의 샴푸로 완전히 씻겨나간다.

특징

- 일시적 착색만 가능하며 여러 가지 컬러로 하이라이트를 줄 수 있고 흰머리를 일시적으로 커버한다.
- 염료가 모표피에 물리적으로 강하게 흡착되어 색소를 씌운다.
- 헤어의 명도를 높일 수 없다.

- 사용하기가 편하다.
- 암모니아나 산화제가 들어있지 않다.
- 예 헤어 마스카라, 컬러 스프레이, 컬러 무스, 컬러 젤 등이 있다.

반영구적염모제 (Semi - permanent color)

반영구적인 염색으로 코팅컬러, 산성컬러가 여기 속하며 제 1제만으로 구성되어 직접컬러(direct color)라고도 한다.

특징

- 염색 도포 후 4 ~ 6주 정도 지속된다.
- 밝은 색으로 변환이 되지 않는다.
- 염색분자 입자는 작은 분자와 큰 분자가 혼합되어 작은 분자는 큐티클 안에 침투하여 조금 더 오래 간다.
- 백모는 10 ~ 30% 커버한다.
- 색상이 선명하다.
- 염색 종류가 한정되어 있다는 단점이 있다.
- pH는 2.5 ~ 4 정도이다.
- 이온결합하여 색이 나온다.
- 휘발성보다는 염착성이 강하다.
- 암모니아가 거의 없다.
- 약액을 도포하면 산성염료가 침투제의 작용으로 모발에 침투한다.
- (–) 이온의 색소가 모발 내부의 (+) 부분과 이온결합한다.

준영구적염모제 (Demi-permanent color)

암모니아가 없는 산화 염모제로 중성컬러라고도 한다. pH는 6 ~ 8 정도, 다운전용이다.

특징

- 색상은 6 ~ 8주 정도 지속된다.
- 제 1제와 2제를 혼합해서 사용한다.
- 백모 커버는 50% 정도이다.
- 산화제(3%)와 암모니아가 약하여 탈색작용이 활발하지 않아 모발은 밝아지지 않는다.
- 컬러 작용은 색조만, 어둡게 염색되며 밝게는 할 수 없다.
- 자연적으로 색이 퇴색되어 바랜 모발에 색상의 선명도와 윤기를 주려고 할 때 사용한다.
- 명도는 바꾸지 않고 햇빛에 보이는 색조(반사 빛)를 원할 때 사용한다.
- 예 마테리아 뮤

영구적인염모제 (Permanent color)

산화염모제, 알칼리염모제. pH는 9 ~ 10 정도이다.

특징

- 1제인 염모제와 2제의 산화제 혼합으로 사용한다.
- 지속력은 영구적이다.
- 백모 커버 100%이다.
- 1제에 암모니아를 함유한다.
- Low light, High light 가능하다.

2 염모제의 화학조성에 따른 분류

염모제의 화학조성

	알칼리 컬러	로우 알칼리 컬러	염기계 컬러	산성 컬러	탈색
발색구조	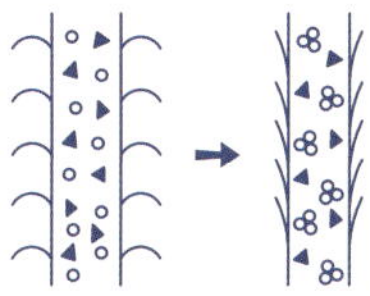	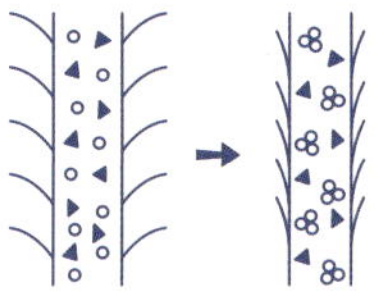	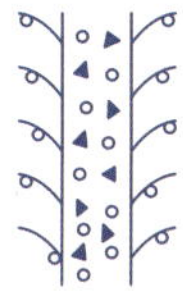	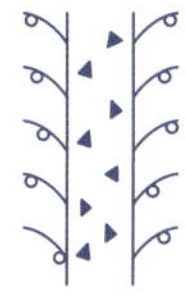	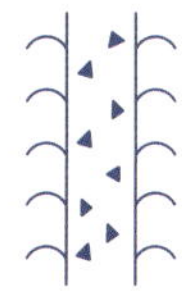
	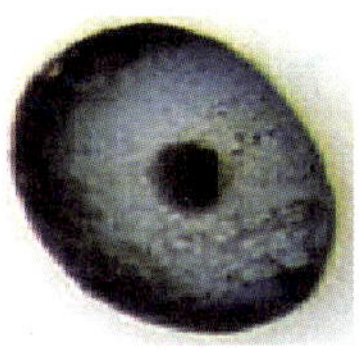	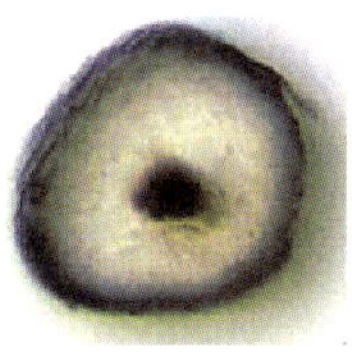	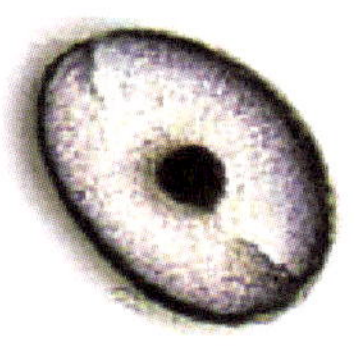	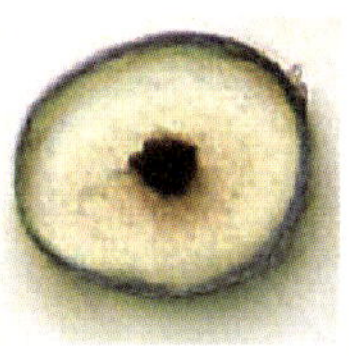	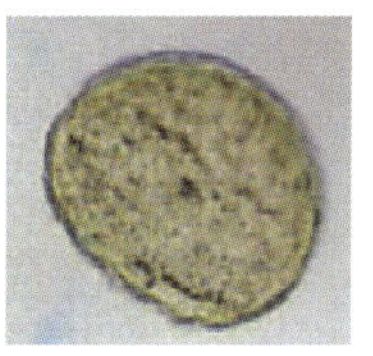
	열린 큐티클 사이에서 염료가 들어와 모발 내부에서 발색한다. 동시에 모발의 멜라닌 색소도 표백되어 간다.		큐티클의 표면에 흡착하여 모발의 내부로 침투하여 염착한다.	큐티클 표면에 이온 흡착한다.	모발의 멜라닌 색소를 표백한다.
pH	9.0~12.0	7.0~10.0	5.0~9.0	2.0~4.0	9.0~11.0
리프트력	중간	낮음	리프트력 없다.	리프트력 없다.	높다.
손상	중간	적음	손상 없음	손상 없음	높다.
색 유지	매우 좋다.	좋다.	나쁘다.	중간	
구분	의약부외품		화장품	화장품	의약부외품
주의점	폭넓은 색 표현이 가능하나, 알레르기 반응을 일으킬 염려가 있으므로 사용 전에 패치 테스트가 필요하다.		피부에 부착되기 어려운 특징이 있지만, 분자가 작아서 색 유지감은 그다지 좋지 않다.	피부병에 대한 염려는 적지만, 피부에 닿으면 잘 지워지지 않으므로 주의해야 한다.	알레르기 반응은 일으키지 않지만, 피부에 자극을 주지 않도록 주의해야 한다.
염료의 종류	• 산화염료 • 직접 염색		• HC 염료 • 염기성염료 • 디스파염료	산성염료(쿨계)	

3 염모제 2제(산화제) 분류

과산화수소수 농도에 따라 분류한다.

- 10vol – 3% : 착색만 가능
- 20vol – 6% : 2 레벨업, 백모 커버, 일반 산화염모제
- 30vol – 9% : 3 레벨업, 손상이 심하다.
- 40vol – 12% : 4 레벨업, 손상이 가장 심하다.

7. 염모제의 원리

영구적인 염모제의 원리는 다음과 같다.

① 1제의 알칼리성 성분(암모니아)이 모발의 큐티클을 팽윤 연화시킨다.
② 큐티클이 열린 사이로 1제와 2제의 혼합액이 침투하여 2제의 과산화수소가 멜라닌을 파괴하고 산소를 발생시킨다.
③ 이때 암모니아수는 과산화수소와 반응하여 산소를 발생시켜 멜라닌을 탈색시켜서 새로운 모발 색상을 위한 바탕색을 만든다.
④ 발생한 산소는 1제의 염료와 중합반응을 일으켜 고분자의 염색분자가 된다.
⑤ 샴푸 시 분자가 커서 큐티클 밖으로 빠져 나오지 못한다.

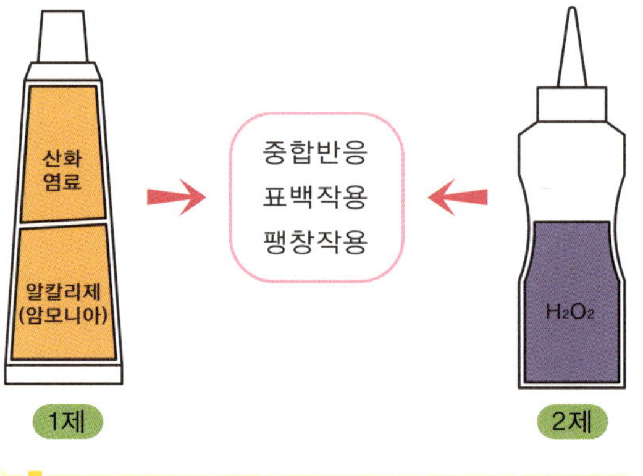

반응작용

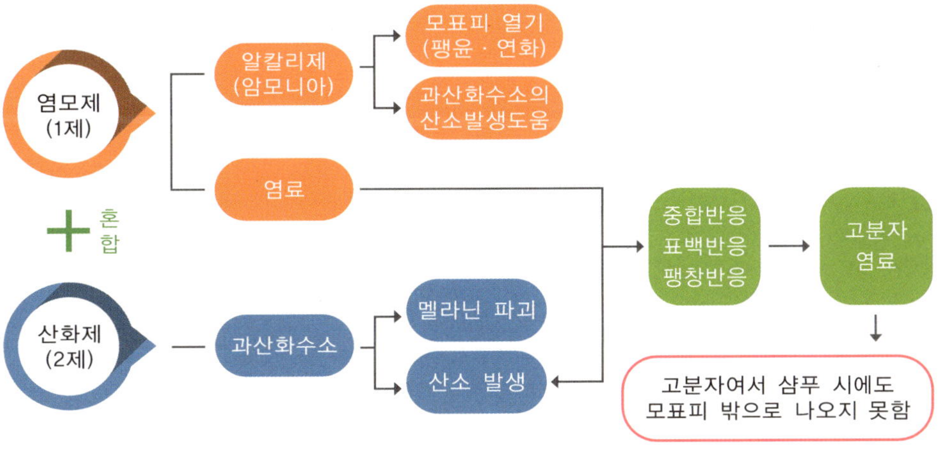

염색의 원리

8. 표백작용과 중합작용의 관계

표백과 중합은 동시에 진행되는 것이 아니라 먼저 표백이 진행되고, 그 뒤 중합이 약 20 ~ 30분간 진행되어 발색이 완료된다.

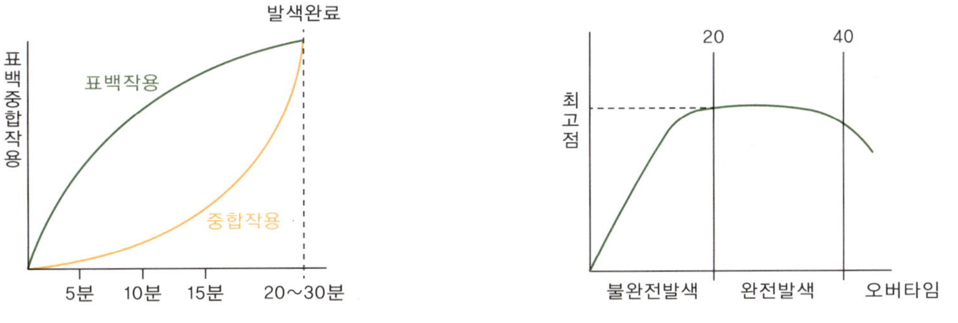

- 완전 발색, 불완전 발색, 오버 타임
- 불완전 발색 존
  - 중합과 표백의 밸런스를 맞추지 않았다.
- 완전 발색 존
  - 중합과 표백의 밸런스를 잘 맞추었다.
  - 약제의 색을 확실히 표현
- 오버 타임
  - 손상이 심해지며, 변색과 색의 혼탁함의 원인이 된다.

- 같은 알칼리 컬러에서도 브릿지력이 다르다.

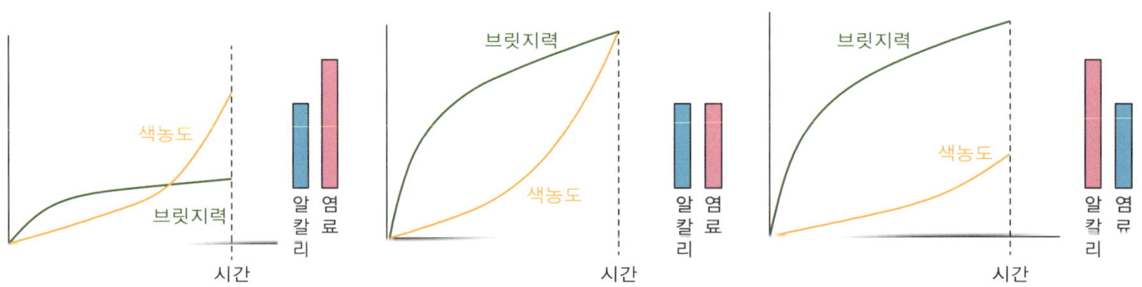

9. 염료에 따른 발색

산화 염료는 그 종류에 따라 발색 스피드가 상이하다. 예를 들어 청색 계열의 염료는 발색이 훨씬 빠르고, 적색 계열의 염료는 발색이 느린 경향이 있다. 특히 1제와 2제 믹스 후 10분 정도에서는 염료에 따라 발색 정도에 차이가 있다.
20분 후에는 두 쪽 모두 본래의 발색을 낼 수 있다.
염색제를 믹스한 후에는 가능한 한 빠르게 도포함과 동시에 방치 타임을 확실히 두는 것이 중요하다.

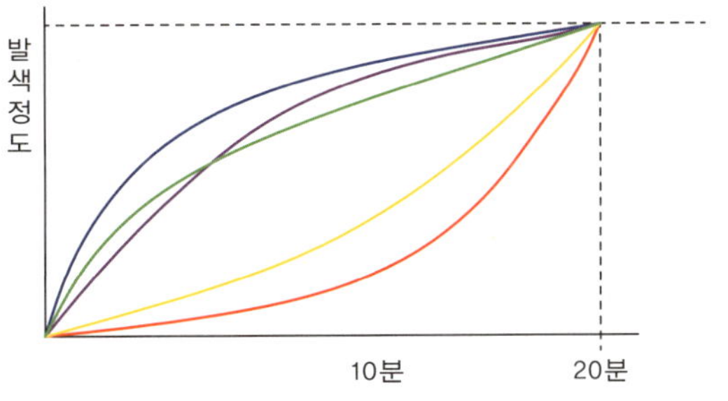

10. 염색제 혼합 힌트

• 믹스를 할 때에는 어떤 일이 일어나는 걸까?

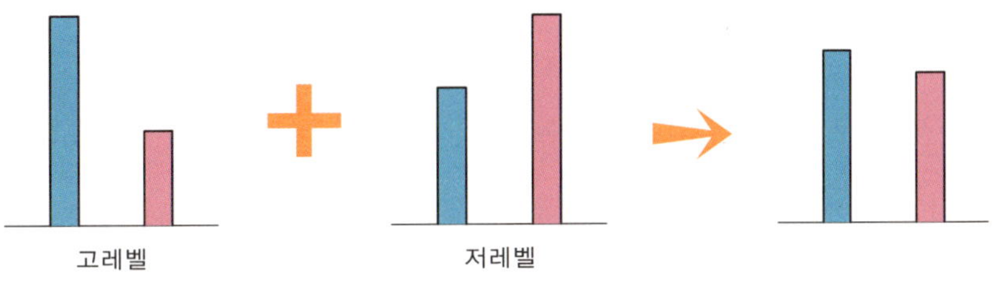

높은 레벨의 염색제와 낮은 레벨의 염색제를 믹스한 경우, 브릿지력과 발색 농도는 각각의 평균치가 보다 조금 높아진다.

2제의 농도를 바꾼다.

• 농도를 낮춘다. 브릿지력이 떨어진다.

클리어제를 믹스한다.

• 염료를 옅게 한다. 발색이 약해진다.
• 또 클리어제는 믹스를 하면 알칼리 농도가 낮아지기 때문에 브릿지력도 약해진다.

11. 헤어 컬러의 발색을 좌우하는 여러 가지 원인

헤어 컬러의 발색은 여러 가지 원인으로 변화되어 간다.

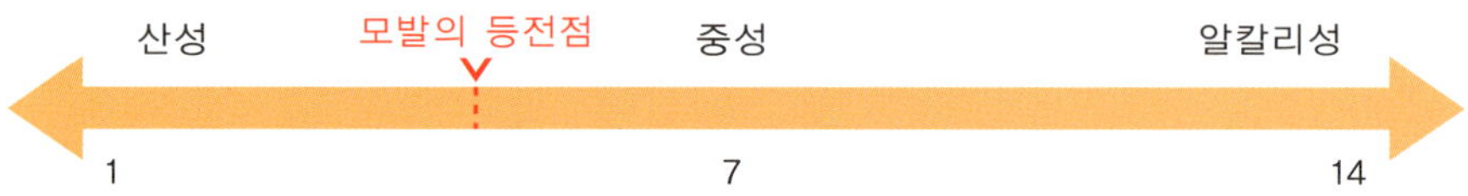

1 헤어 컬러에 함유되어 있는 알칼리는

- 모발을 브릿지 한다.
- 염류를 발색시킨다.

등의 작용을 한다. 특히 알칼리양은 모발 브릿지력에 관계한다. 알칼리 컬러에서 사용하고 있는 산화 염료는 주로 알칼리제(pH9 ~ 12)로 본래의 색상을 낼 수 있도록 조정되어 있으므로, pH를 내리면 색이 변하는 경우가 있다(예를 들어, 산성 타입의 것과 믹스한 경우 Etc).

2 pH와 알칼리의 관계

pH는 약체에 함유된 알칼리성 물질(암모니아 등)과 산성 물질의 밸런스(비율)를 나타내는 것이다.
pH가 낮아도 알칼리 양이 많은 것이 있고, 역으로 pH가 높아도 알칼리 양이 적은 것이 있다.
예를 들어 비누의 pH는 약 12로, pH가 매우 높아도 알칼리 양이 적기 때문에 모발과 피부에 영향을 적게 주는 것이다. 이 때문에 pH와 알칼리 양이 반드시 일치하는 것은 아니다.

12. 산화제 농도와 발색의 관계

1 컬러를 아름답게 발색시키려면 최저 몇 %의 산화제 농도가 필요할까?

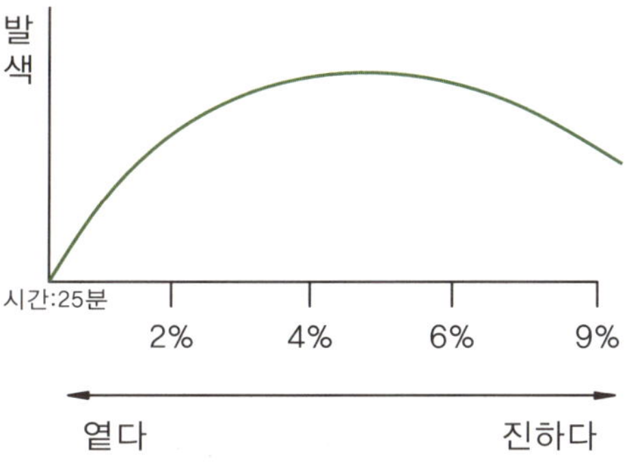

헤어 컬러의 발색은 위의 그림과 같이 산화제 농도가 4 ~ 6%일 때 피크가 된다. 또 1% 이하를 사용하면 발색뿐만 아니라, 색상도 바뀐다. 색을 틀리지 않도록 하기 위해서는 최저 2% 이상의 산화제 농도가 필요하다. 또 6% 이상의 과산화수소를 사용하는 경우, 어두워져서 혼탁한 색이 된다.

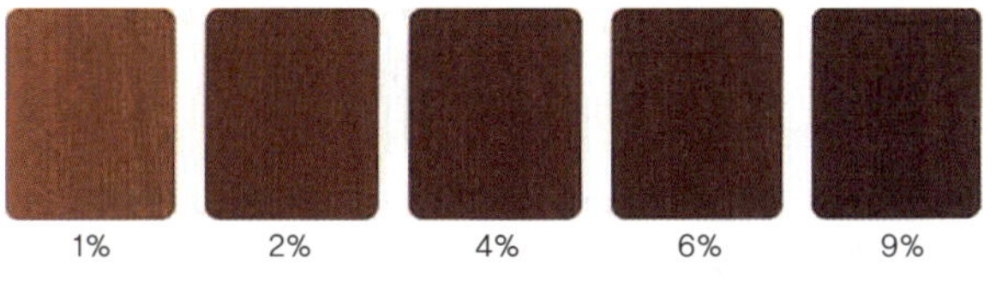

2 산화제의 구분

2%	↔	6%
옅다.	색	진하다.
낮다.	브릿지력	높다.

6%는 밝기와 발색을 원하는 경우에 사용한다.

2%는 손상이 있는 기존 염색부에 색만을 발색시키는 경우에 사용한다.

또 뿌리 부분을 너무 밝게 하고 싶지 않을 때에는 4%(6% + 2%)를 이용한다.

13. 시간에 따른 발색의 차이

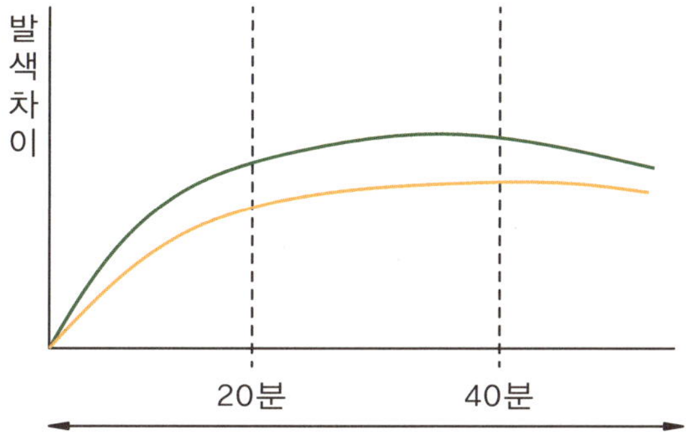

6%와 2%에서는 발색의 정도가 달라진다.
왼쪽 그래프처럼 6%의 발색에 근접하기 위해서는 시간을 길게 둘 필요가 있다.
단, 40분 이상 두면 색의 혼탁함과 모발의 손상과 연결되므로 주의하자.

III

헤어컬러 도포하기 I

III 헤어컬러 도포하기 I

1. 컬러도포하기 위한 준비

1 컬러도포 테크닉의 결정과 시술

사용 약제와 기술 결정

사용할 약제와 싱글 프로세스, 더블 프로세스, 디자인 컬러 등의 기술을 결정한다.

전처리

모발 손상 정도에 맞춰 전처리 한다.

시술

컬러도포는 빠르고, 정성스럽게 시술한다.

애프터 처리

프레인 린스 후 컬러전용 샴푸로 애프터 샴푸잉을 한다.
애프터 처리에서 P.P.T 등을 사용하여 트리트먼트를 한다.

2 컬러 도포 전 고객에 대한 준비 사항

① 두피 체크를 한다.
② 옷을 더럽히지 않도록 목 부분에 랩으로 감싸고, 타월을 목에 감는다.
③ 컬러 크로스 위에도 타월을 걸친다.
④ 페이스 라인에 보호 크림을 도포한다.

3 컬러도포 시 알아야 할 내용

헤어 컬러는 다음과 같은 요인에 의해 영향을 받는다.

① 시간 : 시간에 따라 염착이 좌우된다.
② 온도 : 온도가 높으면 반응이 빨라진다.
③ 도포량 : 도포량이 많을수록 잘 염착된다.

머리 부분에 따라서도 염착이 변하므로,
도포량과 시간으로 조절하여야 한다.

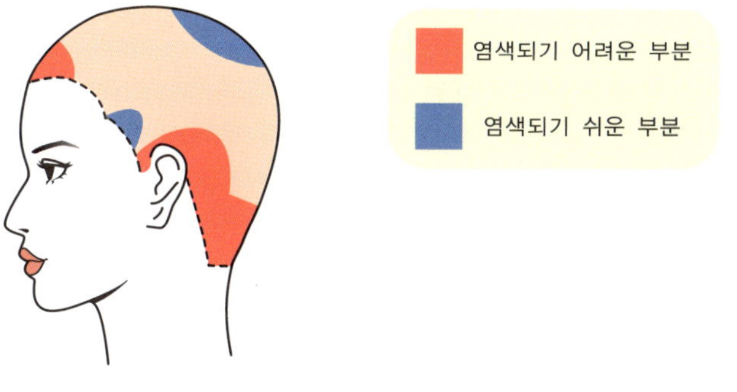

염색 부분

4 컬러도포를 위한 모발 블로킹과 슬라이스

원만한 작업 진행을 위하여 미리 블로킹을 하여 둔다.

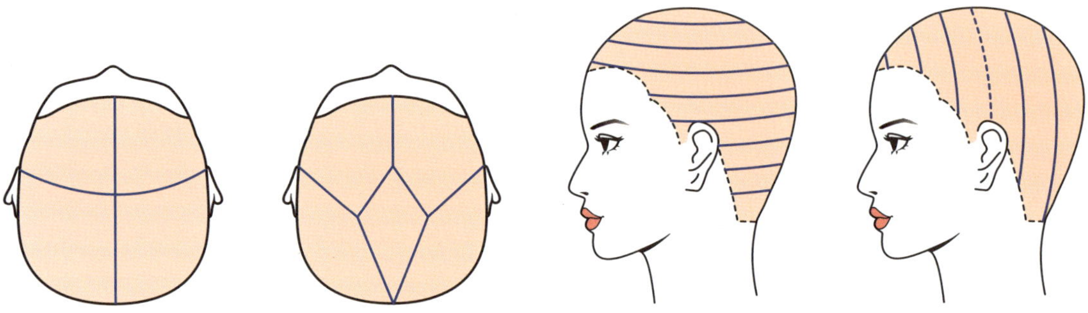

4블록 5블록 가로 슬라이스 세로 슬라이스

블로킹과 슬라이스

2. 컬러도포를 위한 기본 테크닉

각각의 포인트에 주의하면서 작업한다.

〈중간 ~ 모선 도포〉 위에서 아래로 한다.

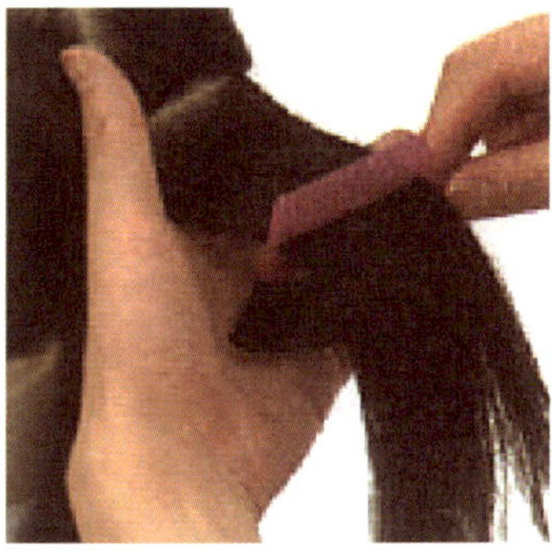

① 슬라이스(2~3cm)를 잡아 잘 빗질하고 모발을 정리한다.

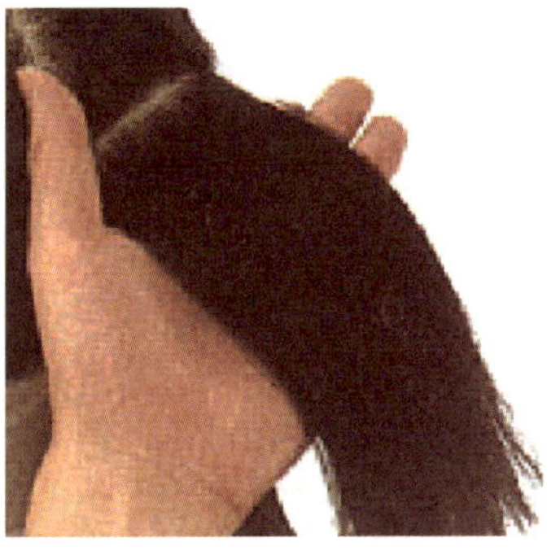

② 스템은 두피에 대해 90도가 되도록 한다.

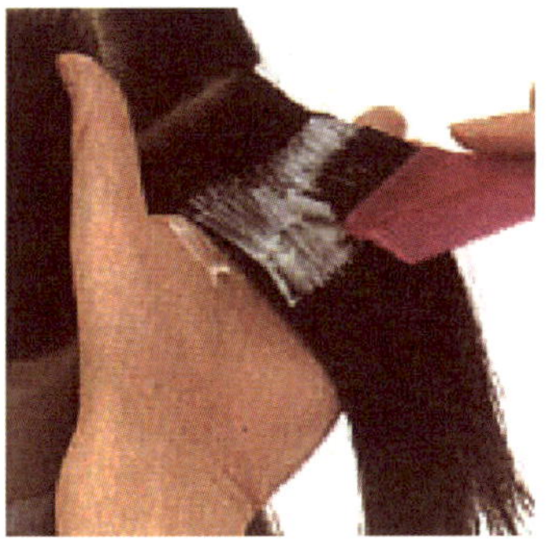

③ 뿌리로부터 1~1.5cm 간격을 두고 도포한다.

*** 슬라이스 뒤까지 약제가 골고루 발라지도록 확실하게 눌러 바른다.**

④ 손가락으로 약제를 균등하게 정리한다.

⑤ 뿌리 부분을 살짝 띄워 방치한다.

⑥ 뿌리 부분의 도포는 약제가 겹쳐 발라지지 않도록 빗을 세워서 도포한다.(슬라이스 1~ 1.5cm)

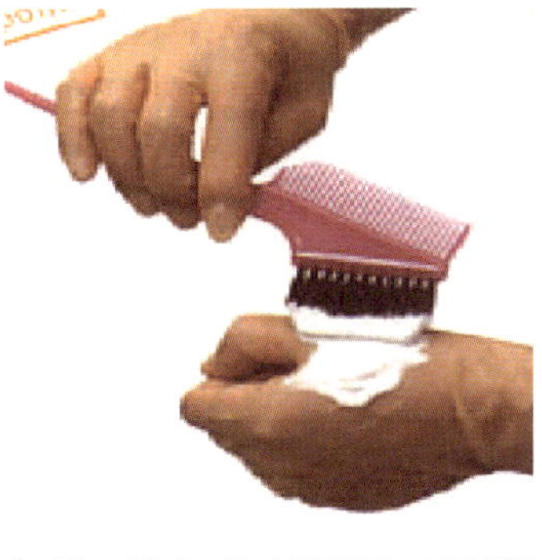

⑦ 핸드 팔레트를 사용하여 도포량을 조절한다.

⑧ 크로스 체크를 하여 도포 얼룩이 없도록 빗으로 도포량을 조절한다.

⑨ 방치해둔다.

3. 컬러도포를 위한 포인트

1 콤브러쉬 잡는법

콤 브러쉬와 스트랜드의 사용 등 컬러를 깨끗하게 도포하기 위해서는 여러 가지 포인트가 있다.

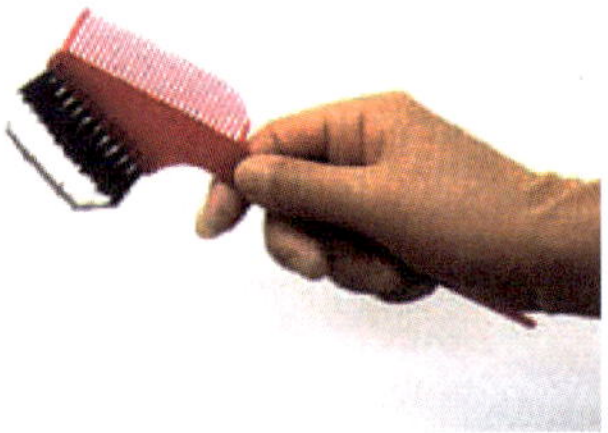

- 콤 브러쉬의 뿌리 부분을 확실하게 잡는다.
- 약제는 빗으로 균등하게 발라준다.

콤브러쉬 잡는법

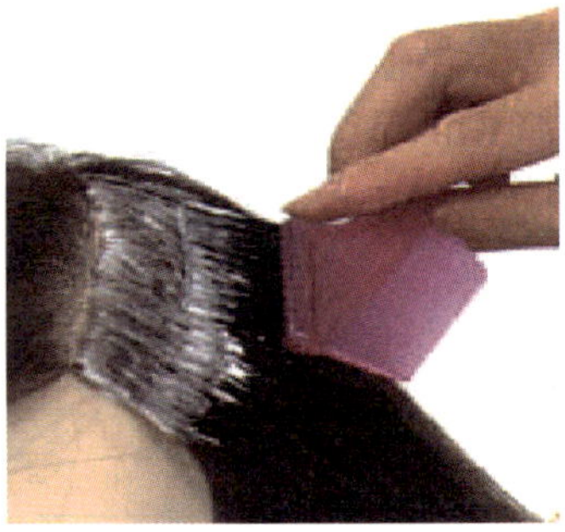

브러쉬를 눕힌다. → 도포량이 많아진다.

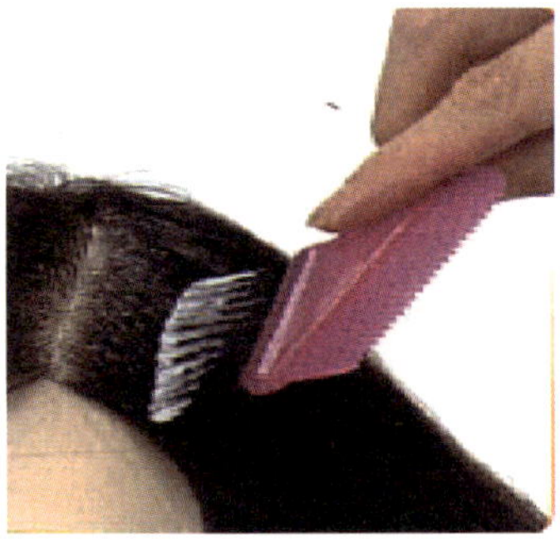

브러쉬를 세운다. → 도포량이 적어진다.

브러쉬 각도와 도포량

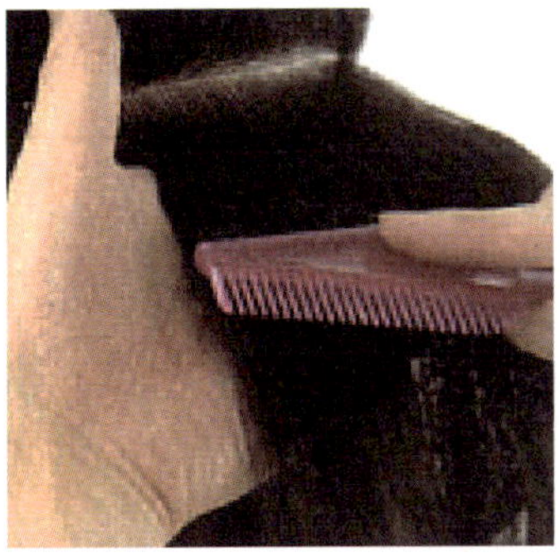
① 두피와의 각도는 90도로 유지한다.

② 머리의 둥근 형태를 의식하여, 손을 이동한다.

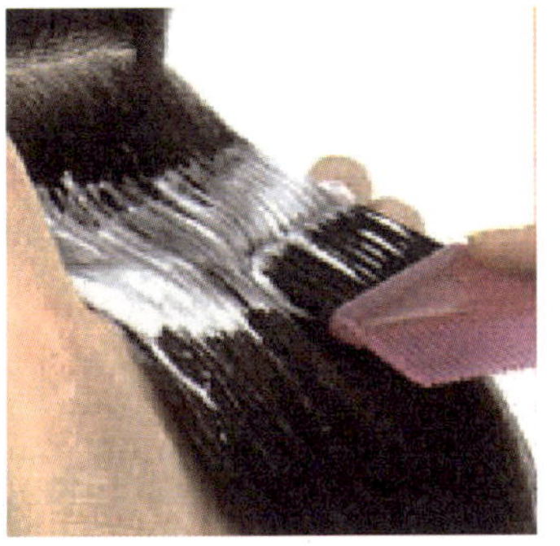
③ 두피로부터의 거리는 균등하다.

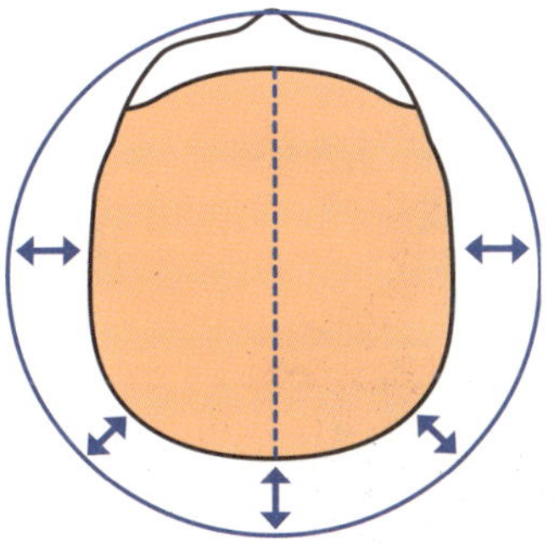
두피로부터 거리는 균등하게(중간~모선)

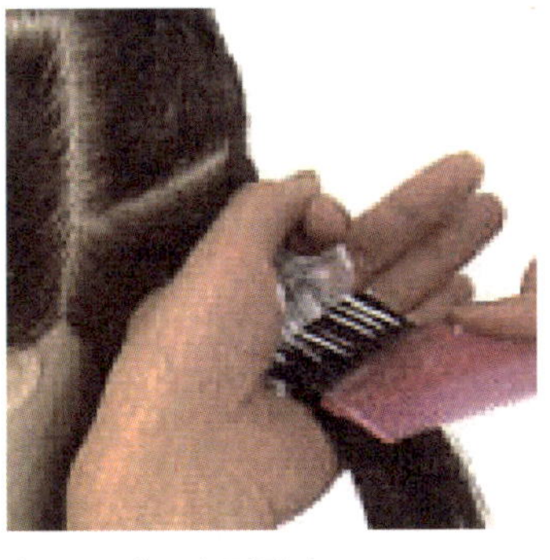
① 스트랜드가 밀린다.

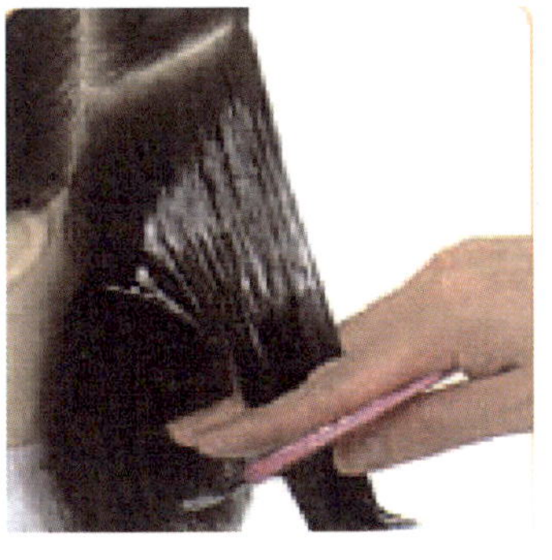
② 거리가 균등하지 않다.

잘못된 예

두피 균등 도포

① 뿌리 부분의 슬라이스에 대하여 직각으로 쉐이프 한다.

② 슬라이스에 평행으로 브러쉬를 잡는다.

슬라이스와 쉐이브(뿌리 부분)

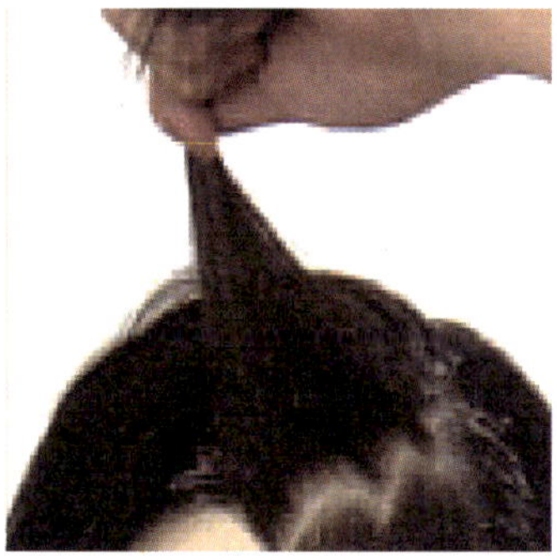

① 슬라이스 NG

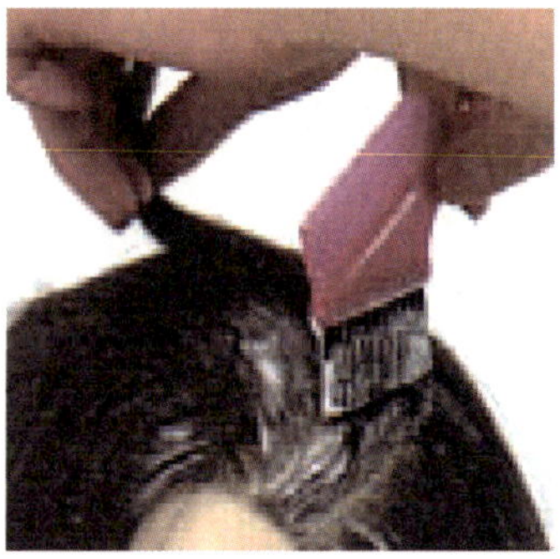

② 쉐이프 NG

③ 브러쉬와 슬라이스 대는 방법 NG

잘못된 예

슬라이스와 쉐이브

4. 그 외 컬러도포 테크닉 포인트

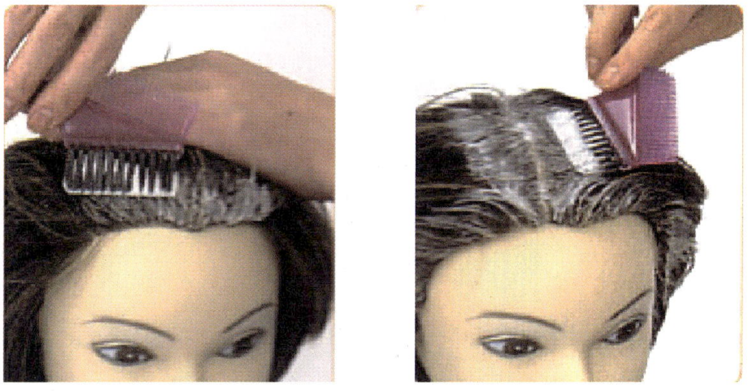

모발의 상태와 표현에 맞추어 테크닉을 구분 사용한다.

그레이 헤어 테크닉 포인트

① 백발이 많은 곳을 먼저 바른다.
② 파트 선부터 도포하기 시작한다.
③ 크로스 체크를 하고 리터치 완료

전체 머리 종료

백발이 많은 부분은 미리 프리 피그멘테이션을 한다.

컬러도포 테크닉

5. 호일링 작업하기

호일링의 구체적인 방법이다. 테크닉 포인트에 주의한다.

① 슬라이스를 일직선으로 잡는다.

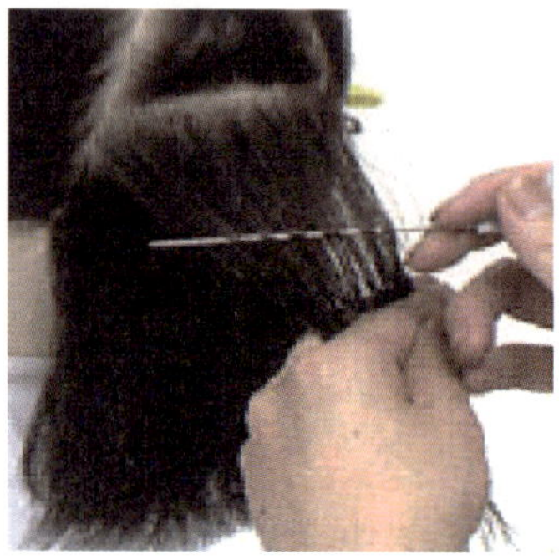

② 뿌리 부분부터 스트랜드를 잡아 간다.

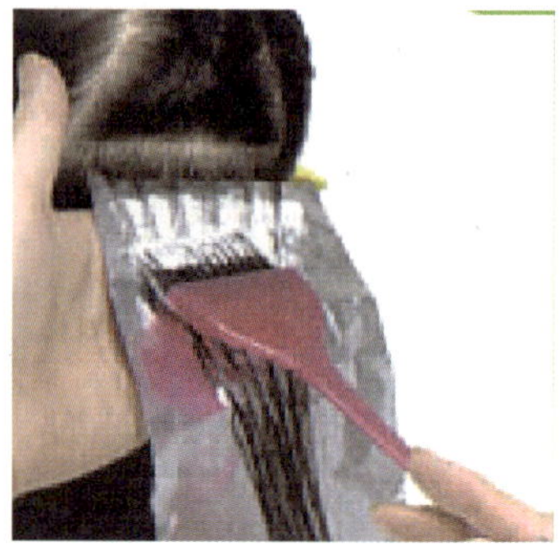

③ 호일을 대고 도포한다. 업 스탭으로 포일을 댄다.(탑 등 둥근 곳이 있는 부분)

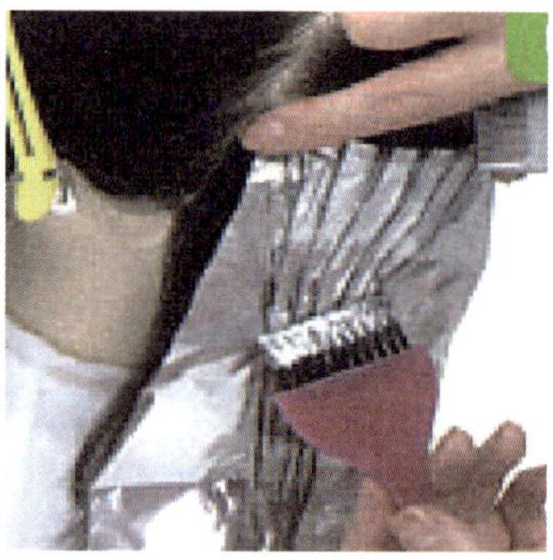

④ 두피에 대고 다운으로 바릅니다. (네이프와 다운 스템의 경우)

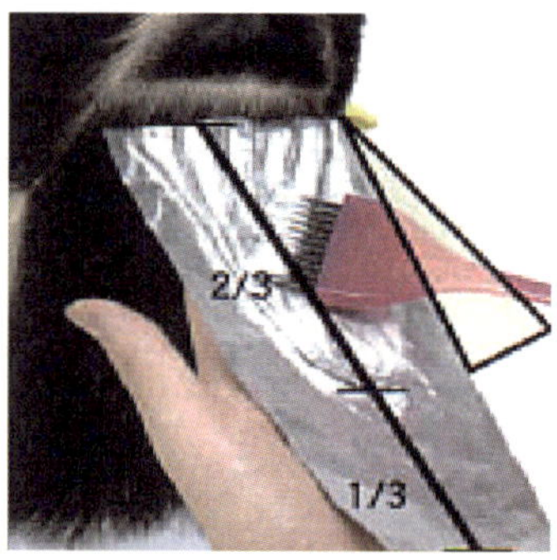

⑤ 도포는 호일의 2/3로 도포한다. 도포량은 모선으로 갈수록 많아지도록 한다.

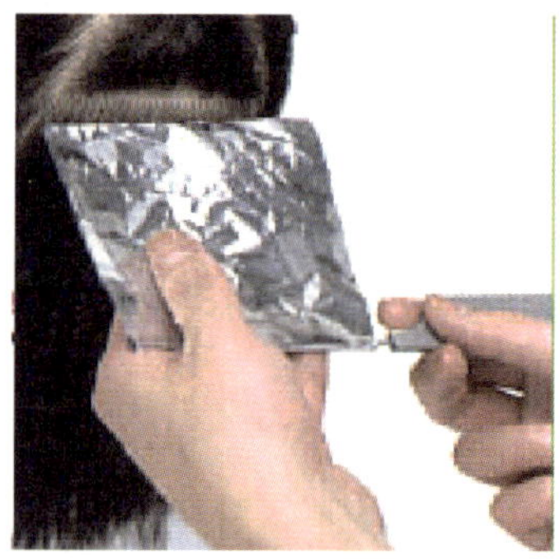

⑥ 액이 흐르지 않도록 확실하게 반으로 접는다. 이 때 너무 누르지 않도록 주의한다.

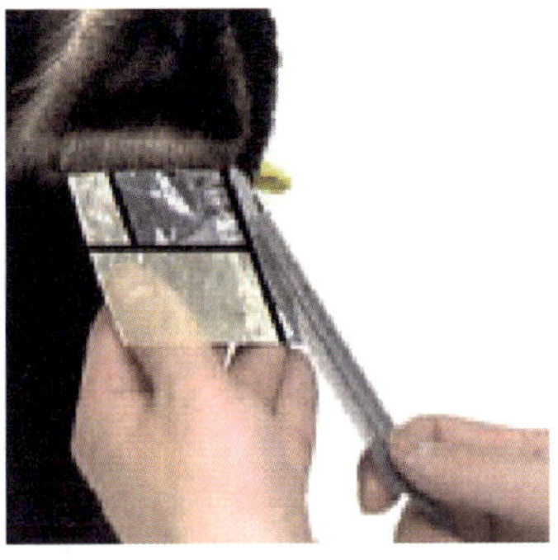

⑦ 좌 → 하 → 우 순서로 접는다.

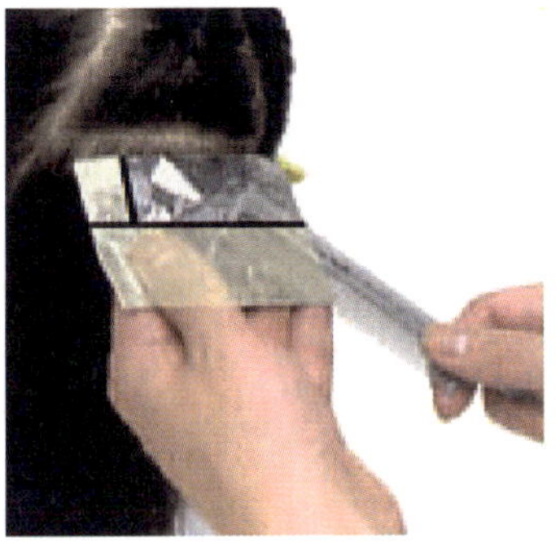

⑧ 좌 → 하 → 우 순서로 접는다.

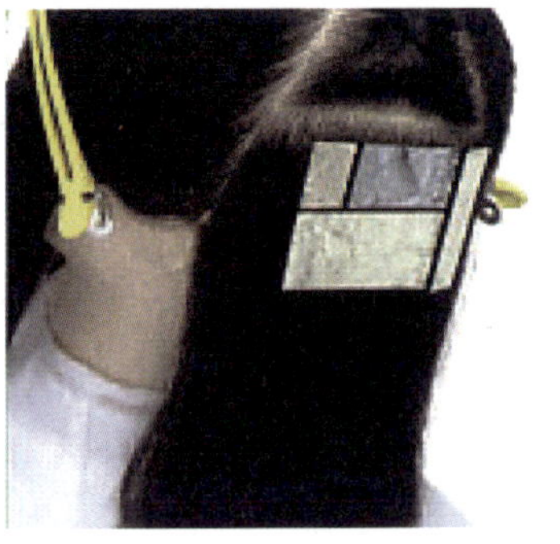

⑨ 완성

⑩ 전체 마무리로 얼굴을 가리지 않도록 페이스 라인을 접는다.

호일작업

IV

헤어컬러 도포하기 Ⅱ

IV 헤어컬러 도포하기 Ⅱ

1. 그레이 헤어컬러 도포하기

흰머리가 난 형태는 전체 흰머리인 경우, 부분 흰머리인 경우, 흰머리와 검은머리가 섞여 있는 경우로 나눌 수 있다.

1 그레이 헤어컬러 도포를 위한 요령

① 3 ~ 5레벨의 기본색은 그레이 헤어컬러가 거의 완벽하게 염색이 된다.

② 그러나 명도 6, 7레벨부터의 멋내기 + 백모 염색 시 탈색은 그 레벨을 정확히 맞춘 후 원하는 색상을 고려해 도포한다.

③ 회사별로 조금씩의 차이가 있을 수 있다. 따라서 여러 번 테스트를 거친 후 명도 레벨을 맞추어 사용하는 것이 좋다.

④ 명도 7레벨 이상 멋내기 염색 시 피그멘테이션(보정색)을 먼저 도포 후에 시술하면 염색이 더욱 잘 된다.

2 기본색의 선택방법

반사 빛

반사 빛이 없는 기본색을 선택하여 완벽한 그레이 헤어컬러를 유지할 수 있게 한다.

명도

원하는 색과 같은 명도를 선택하는 것을 기준으로 하며 백모의 양에 따라 1레벨 정도 어둡거나 밝은 명도를 선택할 수 있다.

예 원하는 색 – 명도 5의 메트 계열을 원할 때(M–5)
시술 테크닉 – 명도 5의 메트 사용하거나, 명도 4의 메트 사용
두 가지의 색을 혼합하여 사용하기도 한다.

3 그레이 헤어컬러 도포를 더욱 잘하기 위한 테크닉

① 1제만 도포한 후 10분이 지나면 1제, 2제를 1 : 0.5 비율로 혼합하여 도포한다.

② 퍼머넌트 웨이브 후에 하면 염색이 더 잘 된다.

③ 염모제 2제 도포 후 드라이로 열을 가한 후에 염색한다.

④ 염모제 2제를 줄인다.

4 도포 방법

흰머리는 전두부(탑부분) 앞에서부터 도포를 한다. 버진헤어 재염색은 네이프부분(뒤)에서부터 도포 한다.

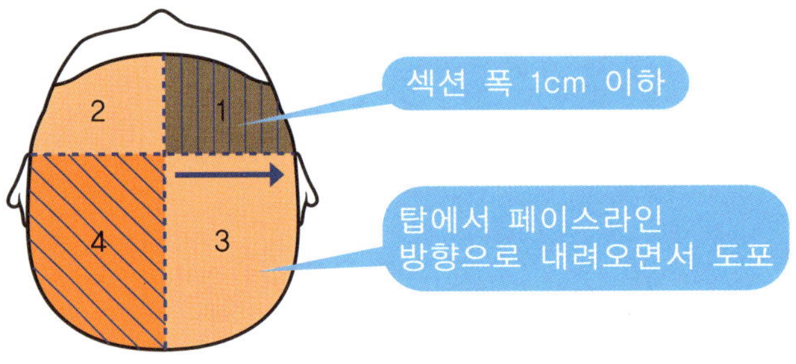

백모 슬라이스

그레이 헤어컬러 시 50% 이상일 때 컬러도포하기

① 백모에 색소를 더 넣어(보정색상은 그레이헤어컬러용을 사용한다.) 비탕색을 만든 다음 그레이 헤어컬러를 하면 2개월이 지나도 퇴색이 많이 되지 않아서 전에 염색한 부분과 같은 컬러로 되어 백모 염색한 표가 나지 않는다.

② 프리 피그먼테이션으로 하지 않으면 신생부와 지난번 염색한 부분이 조금 흐리고 더 오래 전에 한 부분이 어두워져서 얼룩(띠)이 형성된다.

③ 시간은 가온을 할 경우 조금 다를 수 있다. 이 책에서는 자연방치를 기준으로 한다. 시간 역시 회사별로 조금씩 다를 수 있다. 일반적인 시간을 예로 한다.

기염부에 색상이 많이 퇴색된 경우 컬러도포하기

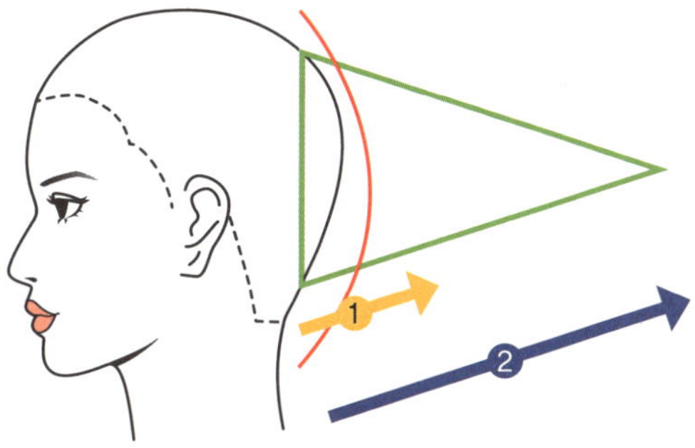

① 혼합 : 그레이헤어컬러용이나 보정 색상 소량(3 ~ 5cm) + 미온수 10㎖를 혼합한다.

② 도포 : ①에 도포한다(3cm 이하).

③ 작용시간 : 시간 두지 않고 즉시 도포한다.

④ 혼합 : 원하는 컬러 + 산화제 20vol을 혼합한다.

⑤ 도포 : ①, ②에 도포한다.

⑥ 작용시간 : 30 ~ 50분 자연방치한다.

⑦ 샴푸 : 유화 – 샴푸한다.

기염부에 색상 변화가 거의 없을 때 컬러도포하기

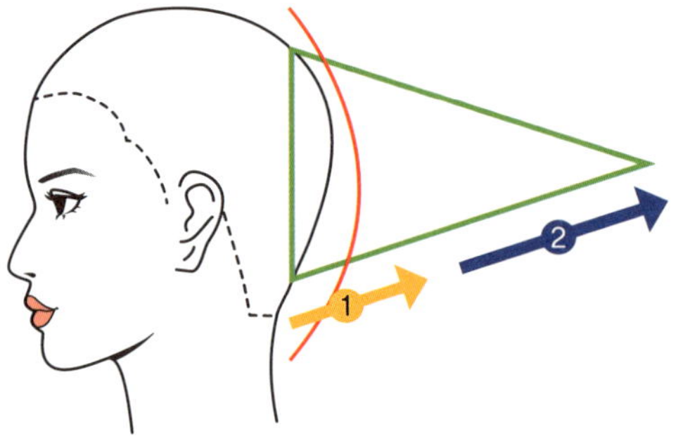

① 혼합 : 기본색이나 따뜻한 색조보정 색상 소량(3 ~ 5cm) + 미온수 10㎖를 혼합한다.

② 도포 : ①에 도포한다(3cm 이하). (3cm 이상일 때는 1 ~ 1.5cm 띄우고 도포)

③ 작용시간 : 방치 타임 없이

④ 혼합 : 원하는 컬러 + 산화제 20vol 혼합한다.

⑤ 도포 : ① 신생부에 도포한다.

⑥ 작용시간 : 15 ~ 20분 자연방치한다.

⑦ 샴푸 : 도포 : ② 기염부에 도포한다.

⑧ 작용시간 : 15 ~ 20분 자연방치한다.

⑨ 샴푸 : 유화 – 샴푸한다.

2. 버진헤어 컬러도포하기

염색은 머리길이에 따라 시술 순서를 다르게 하여야 한다. 시간에 따라 발색이 다르기 때문이다.

1 밝게 하기(going light) : 1 ~ 2레벨 밝게 컬러도포하기

짧은 머리(20cm 이하)**일 때 컬러도포하기**

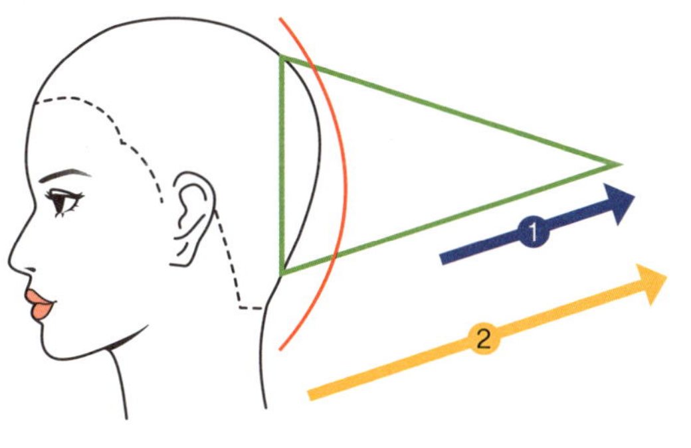

① 혼합 : 원하는 컬러 + 산화제 20vol을 혼합한다.

② 도포 : ①에 도포한다(1 ~ 1.5cm 띄우고).

③ 작용시간 : 15 ~ 20분 자연방치한다(원하는 색상이 나올 때까지).

④ 도포 : ②에서 ①까지 도포한다(새로 만든 염모제).

⑤ 작용시간 : 20 ~ 30분 자연방치한다(두피 1 ~ 1.5cm 부분에 색이 나올 때까지).

⑥ 샴푸 : 유화 – 샴푸한다.

긴머리(20cm 이상)일 때 컬러도포하기

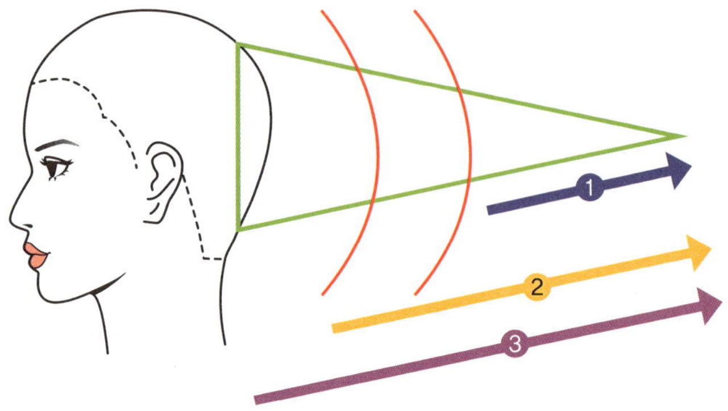

① 혼합 : 원하는 컬러 + 산화제 20vol을 혼합한다.

② 도포 : ①에 도포한다(모발길이의 1/3 부분).

③ 작용시간 : 10 ~ 15분 자연방치한다.

④ 도포 : ②에 도포한다(두피 1 ~ 1.5cm 띄우고).

⑤ 작용시간 : 10 ~ 15분 자연방치한다.

⑥ 도포 : ③에 원하는 컬러 + 산화제 20vol 혼합한다.

⑦ 작용시간 : 20 ~ 30분 자연방치한다.

⑧ 샴푸 : 유화 – 샴푸한다.

버진헤어 염색의 전처리 (애벌 염색(pre-softening) / 멋내기 그레이헤어컬러에도 적용)

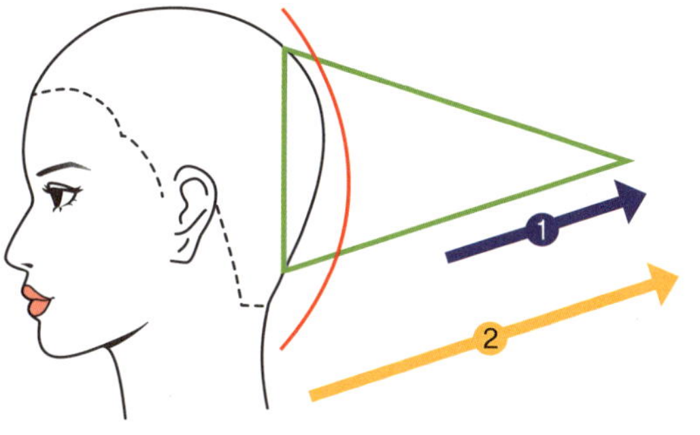

① 선택 : 산화제 20vol만 선택한다. 또는 환원제(1제)만 선택한다.

② 도포 : 두피에서 1cm 띄고 ①에 도포한다.

③ 작용시간 : 열처리 5 ~ 10분(산화제가 두피에 닿지 않도록)

④ 샴푸 : 프리 소프트닝이 끝난 후 헹구지 않는다(허옇게 일어난 경우 플레인 린스 후 건조한다).

⑤ 혼합 : 원하는 컬러 + 산화제 20vol 혼합한다.

⑥ 도포 : ② 원터치 도포한다(뿌리 ~ 모선 끝까지).

⑦ 작용시간 : 35 ~ 40분 자연방치한다.

⑧ 샴푸 : 유화 – 샴푸를 한다.

명도를 어둡게 하기 위한 컬러도포하기 (5레벨 이하)

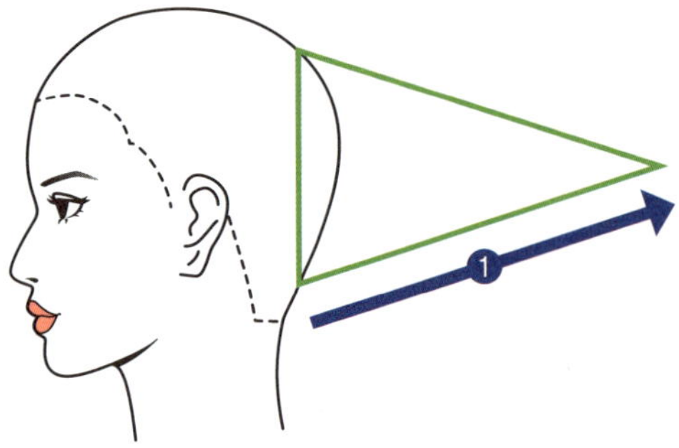

① 혼합 : 원하는 컬러 + 산화제 20vol을 혼합한다.

② 도포 : ①에 원터치 도포한다.

③ 작용시간 : 25 ~ 35분 자연방치한다.

④ 샴푸 : 유화 – 샴푸한다.

3. 재염색 컬러도포하기

새로 자란 신생부(3cm 이하)에만 먼저 염모제를 도포하고, 염색되어 있는 부분이 원하는 컬러의 명도와 다음과 같이 차이가 날 때 적용한다.

재염색 컬러도포 시간

기염부의 퇴색 정도	신생부 방치시간	재염색 부분 방치시간
조금 퇴색(색조만)	20분	5분
1레벨 차이나게 퇴색	10분	15분
2레벨 차이나게 퇴색	25분	원터치
3레벨 차이나게 퇴색	25분	컬러매치 또는 프리 피그먼테이션

1 기염부가 조금 퇴색된 경우 컬러도포하기

재염색 시 신생부 3cm 이하일 때 컬러도포하기

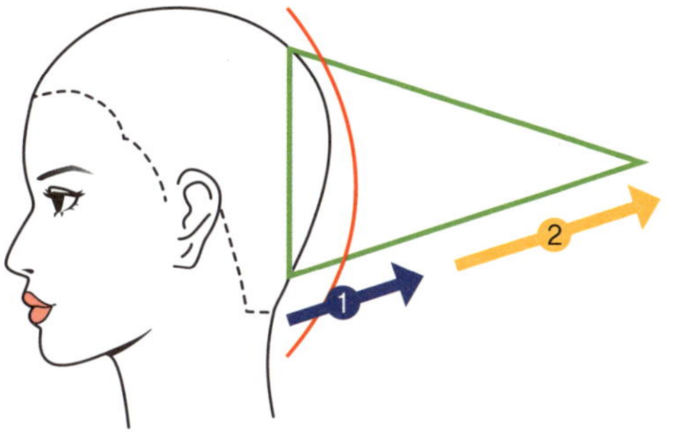

① 혼합 : 원하는 컬러 + 산화제 20vol을 혼합한다.

② 도포 : ① 신생부에 도포한다.

③ 작용시간 : 20 ~ 25분 자연방치한다.

④ 도포 : ② 기염부에 도포한다(남은 약액).

⑤ 작용시간 : 5 ~ 10분 자연방치한다.

⑥ 샴푸 : 유화 – 샴푸한다.

재염색 시 신생부 3cm 이상일 때 컬러도포하기

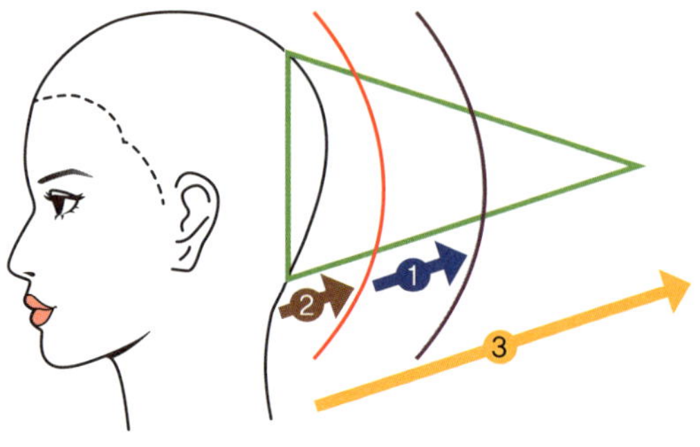

① 혼합 : 원하는 컬러 + 산화제 20vol을 혼합한다.

② 도포 : ① 신생부에 도포한다(1 ~ 1.5cm 띄우고).

③ 작용시간 : 10 ~ 15분 자연방치한다.

④ 도포 : ②에서 ③까지 도포한다.

⑤ 작용시간 : 25 ~ 35분 자연방치한다.

⑥ 샴푸 : 유화 – 샴푸한다.

기염부가 1레벨 정도 퇴색된 경우 컬러도포하기 (신생부가 3cm 이하)

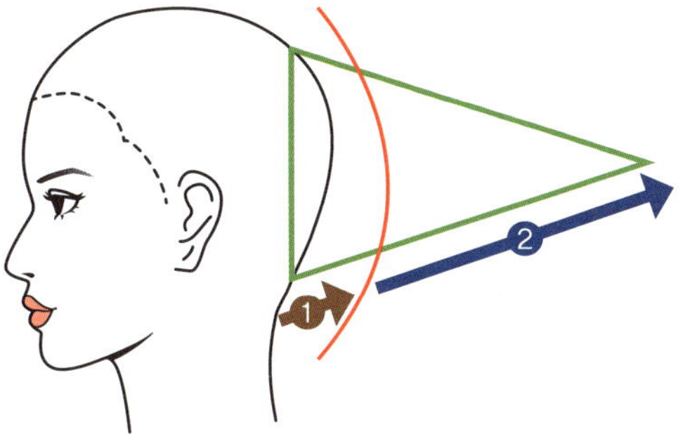

① 혼합 : 원하는 컬러 + 산화제 20vol을 혼합한다.

② 도포 : ① 신생부에 도포한다.

③ 작용시간 : 10 ~ 15분 자연방치한다.

④ 도포 : ② 기염부에 도포한다.

⑤ 작용시간 : 10 ~ 20분 자연방치한다.

⑥ 샴푸 : 유화 – 샴푸한다.

기염부가 2레벨 정도 퇴색된 경우 컬러도포하기 (신생부가 3cm 이하)

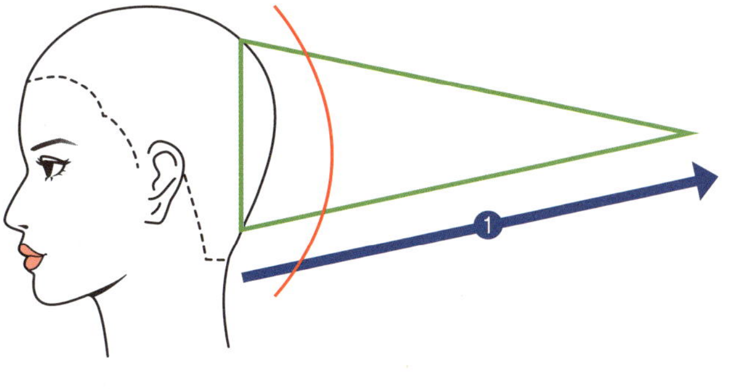

① 혼합 : 원하는 컬러 + 산화제 20vol을 혼합한다.

② 도포 : ① 신생부와 기염부에 원터치 한다.

③ 작용시간 : 25 ~ 35분 자연방치한다.

④ 샴푸 : 유화 – 샴푸한다.

4. 컬러 매치 방법으로 컬러도포하기

재염색 시 원하는 색상보다 3레벨 정도까지 밝은 상태이며 모발 손상이 심하지 않은 경우에 적용한다. 색상을 오랫동안 유지해 주고 레벨의 차이가 없이 얼룩지지 않게 해주는 방법으로 색소를 더 주기 위하여 1제의 휠러(선착색)색상을 다음과 같이 사용한다.

컬러 매치 방법으로 컬러도포하기

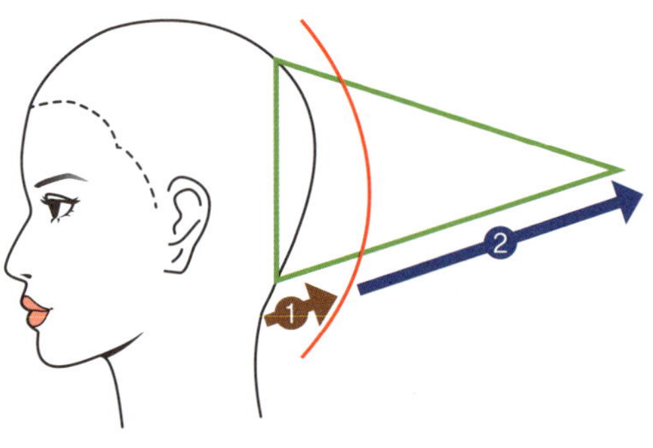

① 혼합 : 원하는 컬러 + 산화제 20vol을 혼합한다.

② 도포 : ① 신생부에 도포한다(신생부가 3cm 이하일 때, 3cm 이상일 때 고려).

③ 작용시간 : 방치시간 없이 즉시 도포한다.

④ 혼합 : 남아 있는 약제 + 휠러색 3cm + 미온수 10㎖(양은 길이에 따라 조절) 혼합한다.

⑤ 도포 : ② 기염부에 도포한다.

⑥ 작용시간 : 25 ~ 35분 자연방치한다.

⑦ 샴푸 : 유화 – 샴푸한다.

휠러(Filler)색상

애벌색상 또는 선착색상이라고도 하는데 다음과 같은 경우에 사용할 수 있다.

① 모발이 심한 다공성이어서 염색 색상이 고루 흡수되지 않아 얼룩질 가능성이 있을 때

② 모발이 약하고 너무 탈색이 많이 된 부분에 염색하기 전에 색소를 채워 바탕색을 어둡게 만들 때

휠러 색상

휠러 색상	
휠러 색상	자연모와 같은 레벨 색상
	원하는 컬러보다 1레벨 어두운 색상
	원하는 컬러와 같은 레벨의 색상
	원하는 컬러와 같은 레벨의 따뜻한 색조
	백모커버 색상
	백모 50% 이상 → 백모커버 색상

예를 들어 원하는 색상이 5레벨 밝은 갈색인데 모발 끝이 8레벨 밝은 황금색으로 퇴색되어 있으면 새로 자란 부분과 컬러를 맞추기 위해 재염색 부분에 4레벨 또는 같은 5레벨 또는 따뜻한 색조의 금빛 갈색을 휠러 색상으로 사용할 수 있다.
휠러 색상을 써서 컬러 매치한 염색과 하지 않은 염색과의 차이는 몇 번의 샴푸로 인한 퇴색의 정도로 알 수 있는데, 컬러 매치한 염색의 색상이 퇴색이 덜 된다.

1 프리 피그멘테이션(Pre-Pigmentation)

모발에 부족한 색소를 보충하는 테크닉을 피그멘테이션이라고 한다.
그레이 염색과 부분적인 퇴색이 되었을 경우에 사전에 약제를 도포하는 방법과 한 번 씻어 내는 방법이 있다.

과정

① 염모제 1제를 산화제(OX) 2%와 혼합하여 도포한다.
② 10~15분 방치시간을 둔다.
③ 원하는 염색이 되었을 때 플레인 린스를 하고 드라이하여 모발을 건조시킨다.
④ 실제 원하는 색상과 명도에 맞게 염색을 한다.

재염색 시 손상이 심하고, 원하는 색상보다 3레벨 이상 퇴색된 밝은 상태의 모발을 어둡게 염색하고자 할 때 이용하며, 부분적인 하이라이트닝으로 인해 3레벨 이상 차이나게 탈색된 모발을 같은 명도의 레벨로 맞추고자 할 때 이용한다. 즉 부족한 색소를 더 채워주기 위한 방법이다.
원하는 바탕 색상을 얻기 위해 먼저 휠러 색상의 색소를 넣어 바탕색을 어둡게 해 준다. 이 결과 염색 후 몇 번의 샴푸로 인해 쉽게 퇴색되어 얼룩이 지는 것을 방지한다.

프리 피그멘테이션 컬러도포하기

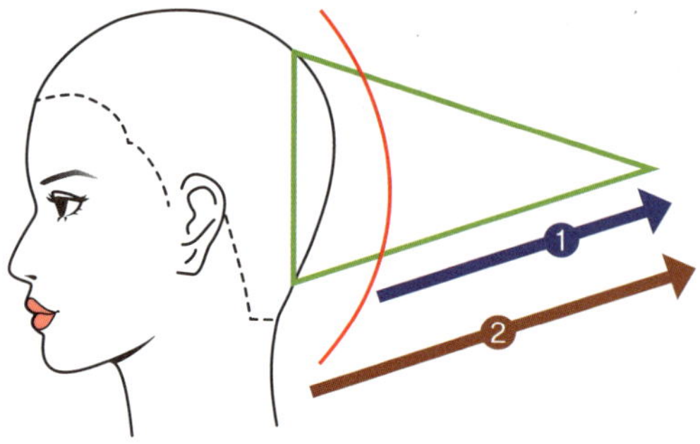

① 혼합 : 휠러 색상 3cm + 미온수 10㎖ 혼합한다(3 : 1 비율).

② 도포 : ① 기염부에 도포한다(브러쉬로 바르고 색소가 뭉치지 않게 가는 빗으로 가볍게 빗어준다).

③ 작용시간 : 헹구지 않고 즉시

④ 혼합 : 원하는 컬러 + 산화제 20vol을 혼합한다.

⑤ 도포 : ② 신생부에서 ①까지 도포한다.

⑥ 작용시간 : 25 ~ 35분 자연방치한다.

⑦ 샴푸 : 유화 – 샴푸한다.

기염부의 색상이 퇴색된 경우 컬러도포하기

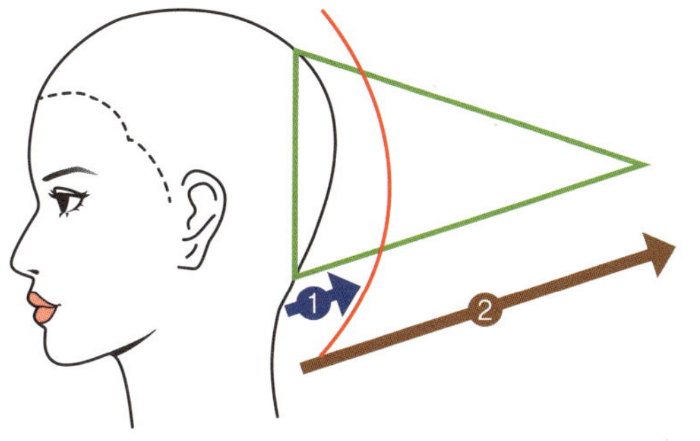

① 혼합 : 백모 커버용이나 휠러 색상 3cm + 미온수 10㎖ 혼합한다.

② 도포 : ①에 도포한다.

③ 작용시간 : 시간 두지 않고 즉시 도포한다(경우에 따라 색이 나올 때까지 5분 정도 둔다).

④ 혼합 : 원하는 컬러 + 산화제 20vol 혼합한다.

⑤ 도포 : ①, ②에 도포한다.

⑥ 작용시간 : 20 ~ 50분 자연방치한다.

⑦ 샴푸 : 유화 – 샴푸한다.

기염부의 색상 변화가 거의 없을 경우 컬러도포하기

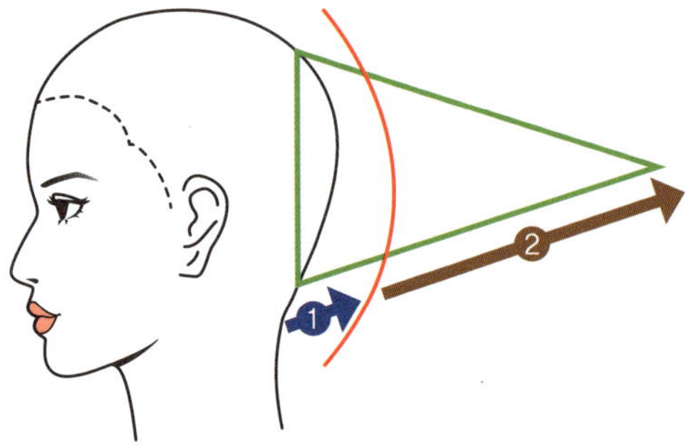

① 혼합 : 기본색이나 따뜻한 색조 휠러 색상 3cm + 미온수 10㎖를 혼합한다.

② 도포 : ①에 도포한다.

③ 작용시간 : 시간 두지 않고 즉시(경우에 따라 색이 나올 때까지 5분 정도 둔다.)

④ 혼합 : 원하는 컬러 + 산화제 20vol 혼합한다.

⑤ 도포 : ① 신생부에 도포한다.

⑥ 작용시간 : 15 ~ 20분 자연방치한다.

⑦ 도포 : ② 기염부에 도포한다(도포하고 남은 염모제).

⑧ 작용시간 : 15 ~ 20분 자연방치한다.

⑨ 샴푸 : 유화 – 샴푸한다.

5. 컬러체인지 컬러도포하기

1 클렌징(cleansing)

자연모는 염색으로 밝게 할 수 있지만 이미 어둡게 염색한 모발은 밝게 할 수 없다. 명도가 비슷하고, 색상의 일치성이 없을 때 시술한다.

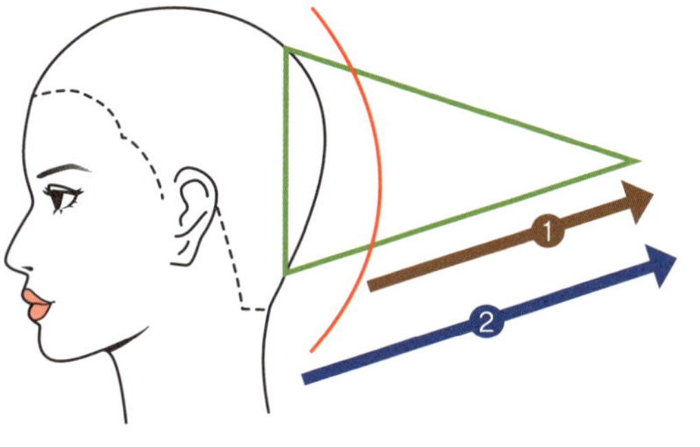

① 혼합 : 탈색제 10g + 산화제 10㎖ + 샴푸 10㎖ + 온수 10㎖ 혼합한다(1 : 1 : 1 : 1의 비율).

② 작용시간 : 5 ~ 30분 정도 색조가 제거될 때까지 부드럽게 마사지한다.

③ 세척 : 세척 – 드라이 한다.

④ 혼합 : 원하는 컬러 + 산화제 20vol을 혼합한다.

⑤ 도포 : 모근에서 모발까지 원터치 도포한다(길이에 따라 두피에서 1 ~ 1.5cm 띄우고 도포).

⑥ 작용시간 : 25 ~ 35분 자연방치한다.

⑦ 샴푸 : 유화 – 샴푸한다.

2 딥 클렌징(deep cleansing)

자연모는 염색으로 밝게 할 수 있지만 이미 아주 어둡게 염색한 모발은 밝게 할 수 없다. 예를 들어 블루 블랙으로 염색한 모발을 밝게 하려는 경우나 초록색이나 붉은색으로 코팅한 모발을 밝게 염색하려면 딥 클렌징 후 원하는 색상을 얻을 수 있다.

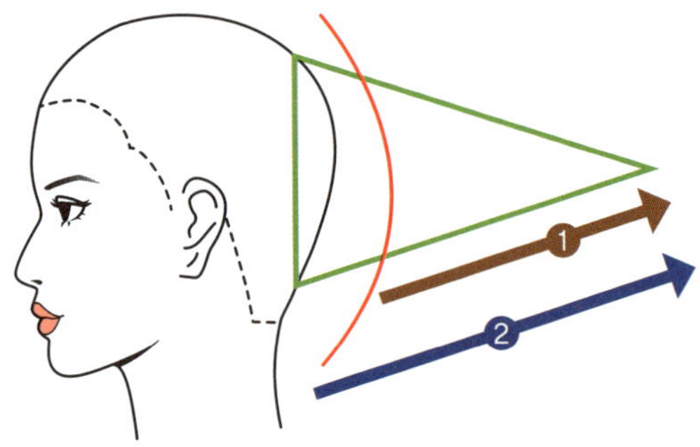

① 혼합 : 탈색제 10g + 산화제 20vol 30mℓ을 혼합한다.

* 두피에서 2cm 띄고 색상이 많이 겹친 곳부터 진제 도포하여 마사지를 한다.

② 도포 : 50분 정도 원하는 색상의 블리치 레벨까지 마사지한다.

③ 작용시간 : 세척한 후 드라이 한다.

④ 혼합 : 원하는 컬러 + 산화제 20vol을 혼합한다(길이에 따라 두피에서 1 ~ 1.5cm 띄우고 도포).

⑤ 작용시간 : 25 ~ 35분 자연방치한다.

⑥ 샴푸 : 유화 – 샴푸 한다.

3 보색 컬러도포하기

이미 염색한 컬러가 마음에 들지 않아 일반적인 모발색인 갈색 계열을 원할 때 이미 염색한 색상의 보색을 도포하여 제 3의 색인 갈색을 표현한다.

6. 탈색제 도포하기

1 탈색하여 모발의 명도를 밝게 하기

모발의 명도를 밝게 하기 위해서는 것은 자연색소나 인공색소를 제거해야 한다. 밝게 하는 것은 자연적 또는 화학적 산화작용에 의해서 일어난다.

자연적 요소

물, 바다, 태양, 바람은 모발을 부풀리고 바람의 산소와 자외선에 의해 활성화된 산소분자가 모발 속으로 침투하여 점진적으로 멜라닌 색소를 산화함으로써 모발이 밝아지게 한다. 이것을 '모발의 퇴색'이라고 한다.

화학적 요소

인공적으로 밝게 하는 것은 색소의 더 큰 산화로 만드는 탈색(블리치)제품을 이용하여 아주 어두운 색에서 아주 밝게 할 수 있다.

이 작용은 먼저 멜라닌 색소의 입자형 색소(granular pigments)가 점차 사라지고 그 다음 점차 분사형 색소(diffuse pigments)가 제거되는 것이다.

이 과정을 통해 모발을 밝게 하는 것을 '모발 탈색'이라고 한다.

2 모발을 밝게 하는 방법 3가지

밝게 하기(lightening)

영구 염색에서 2제의 과산화수소 20vol 6%에 의해 2레벨 밝게 할 수 있으며, 과산화수소 40vol 12%로 4레벨까지 밝게 할 수 있다.

탈색(bleach)

모발에 따라 다르지만 자연모 베이스를 4~ 7레벨까지 밝게 탈색시킬 수 있다. 더 밝아지기를 원한다면 탈색제를 닦아내고 새로운 탈색제를 재도포한다.

클렌징(cleansing)

어두운 컬러를 하고 나서 그 컬러가 마음에 들지 않아 밝게 하고 싶을 때 클렌징으로 어두운 컬러의 인공색소를 제거한 후 밝은 색조를 도포한다.

3 탈색 레벨의 단계

① 탈색할 때 변하는 단계에서 시간이 더 걸리는 단계가 있고 빨리 색상이 나오는 단계가 있기 때문에 자주 체크해 보아야 원하는 바탕색을 얻을 수 있다.

② 원하는 바탕색은 원하는 색상의 색조에 따라 다르다.

③ 블리치 색상은 흑색에서 붉은 보라 그리고 붉은색의 단계로 빨리 옮겨 간다.

④ 붉은빛 오렌지 단계로 탈색이 되기 위해서는 시간이 더 걸린다. 황금색은 다른 단계의 탈색과 비교했을 때 시간이 가장 많이 걸린다.

⑤ 원하는 컬러의 모발 색상이 붉은빛 오렌지와 황금색으로 탈색해야 한다면 인내심을 갖는 것이 중요하다. 때때로 탈색제를 너무 빨리 닦아내려고 하는데, 모발이 다음 단계의 탈색으로 들어가기 전 상태에 이를 때까지 탈색하는 것이 좋다.

4 탈색의 조건

모발의 모질

경모일수록 탈색속도가 늦다.

작용시간

어느 정도까지는 방치시간이 길수록 탈색이 많이 된다.

산화제의 농도(3%, 6%, 9%, 12%)

농도가 높을수록 탈색력이 높다.

도포량

도포량이 많을수록 탈색력이 높다.

온도

온도가 높을수록 탈색력이 높다.

5 탈색제의 종류

① 오일타입(oil type)
② 크림타입(cream type)
③ 가루타입(powder type) – 가장 많이 사용한다.

6 탈색제의 성분

첨가제(Persulfate)

촉진제(활성제 · 촉매)라고도 하며 탈색작용을 활성시킨다.

과산화수소수(H_2O_2)

무향 · 무색의 액체. 물과 산소로 쉽게 분리되고 열에 불안정한 혼합물이며 암모니아와 혼합되어 산소를 방출한다.

암모니아수($NH_4OH=NH_3+H_2O$)

약알칼리 성분의 부풀려지는 성질로 모발 팽창을 유발하고 냄새가 강한 휘발성의 가스로 열이 있는 상태에서 휘발한다.

7 탈색제의 사용방법

① 샴푸하지 않고 마른 모발에 시술한다.
② 회사별 제품을 혼합비율로 잘 섞는다.
③ 원하는 스타일에 맞게 고루고루 도포한다.

8 탈색이 되는 경우

탈색이 빨리 되는 경우

① 두피에 가까운 쪽

② 모발 손상이 많은 부위

③ 염색모

④ 가늘고 건조한 민감성 모발

⑤ 자연모의 레벨이 6 이상일 때

탈색이 느리게 되는 경우

① 긴머리의 끝부분

② 저항성모

③ 자연모의 레벨이 2 ~ 3 정도

④ 굵은 지방성 모발

⑤ 경모

탈색제가 마르지 않게 비닐 캡을 쓰거나 알루미늄 호일을 이용하면 더 빠르게 탈색된다.

9 시술 시 주의 사항

① 피부 보호와 안전을 위해 시술 시 장갑을 사용한다.

② 손님이나 시술자의 옷에 탈색제가 묻으면 옷의 컬러가 탈색될 수 있으니 주의한다.

③ 네이프 라인부터 사이드, 프론트로 두피의 온도가 낮은 부위부터 시술한다.

④ 얼룩지는 것을 방지하기 위해 최대한 빨리 작업하며 약액을 일정하게 도포한다.

⑤ 사용하기 직전에 혼합하여 사용하고 남은 제품은 다음에 쓸 수 없다.

⑥ 두피에서 1 ~ .5cm 띄고 길이와 끝부분을 도포한 후 두피에서 끝까지 전체를 도포한다.

⑦ 두피에서 모발 끝까지 원터치를 하면 두피 쪽이 더 밝게 나온다. 그러므로 긴머리는 머리 끝부분부터 해줘야 한다.

⑧ 최대한 두피의 자극을 방지하며 모발이나 두피에 제품이 남아 있지 않도록 깨끗하게 세척한다.

레벨 별 탈색 실습하기

레벨	레벨	레벨	레벨

7. 탈색 레벨 또는 언더코트(Bleach Level of Under Coat)

코팅으로 파란색을 어떻게 낼 수 있을까?
블리치 레벨을 백금색까지 빼놓고 그 위에 파란색을 입혀야만 파란 색조를 얻을 수 있다. 이렇게 차가운 색조는 얻기가 어렵다. 원래 자연색소가 가지고 있는 블리치 레벨이 따뜻한 색이기 때문이다. 빨간 색조를 원할 때도 마찬가지로, 속옷을 어떤 색을 입느냐에 따라 다르다. 블리치 레벨이 어떤 색이냐에 따라 염색이나 코팅의 컬러가 달라진다. 노란 블리치 레벨에 빨간색을 염색한 경우, 몇 번의 샴푸로 빨간 색소가 빠져 나가면 바탕색이 노랗게 보인다. 하지만 빨간 블리치 레벨에 빨간 색조가 빠져 나가도 우리의 눈으로 보이는 색조는 빨간색이다.

이런 경우의 예가 있다.

미용실에 친구사이인 두 명의 손님이 왔는데 한 친구는 노랗게 탈색되어 손상된 모발이고 한 친구는 오렌지 색조를 띤 모발이었다.
두 사람 모두 붉은 색조로 같은 컬러를 하고 갔다. 며칠 후 노란색으로 심하게 탈색됐던 모발을 가진 손님이 찾아와서 같이 했던 친구는 색조가 그대로 있는데 본인 머리만 색이 다 빠져 버렸다고 클레임에 걸린 예가 있다.
그 이유가 바로 모발손상도(큐티클 손상)에 따라 몇 번의 샴푸 후에 색조가 다 빠져나가 바탕색상이 나타나기 때문이다. 이렇게 염색에 있어서 블리치 레벨은 원하는 결과 색상에 중요한 영향을 미친다.

1 원하는 색조를 얻기 위한 블리치 레벨

최종적으로 원하는 색조를 얻기 위하여 바탕색을 탈색하여야 한다. 먼저 어떤 컬러로 염색할 것인가 정하고 블리치 레벨과 일치하는 단계까지만 탈색한다. 원하는 컬러보다 명도를 불필요하게 많이 높이지 않고 너무 짧은 시간에 빨리 탈색하려고 하지 않아야 모발의 손상을 줄일 수 있다.

원하는 색조에 따른 블리치 레벨(bleach level)

색조(Reflect)	명도(Level) 밝게/어둡게
1. 푸른빛(blue) 보랏빛(violet) 잿빛(ash) 초록빛(green)	원하는 컬러 레벨보다 탈색을 1 ~ 2레벨 밝게 바탕색을 만든다.
2. 금빛(gold) 적자빛(mahogany) 노랑빛(yellow)	원하는 컬러 레벨과 일치하게 탈색하여 같은 레벨로 바탕색을 만든다.
3. 구릿빛(copper) 적빛(red)	원하는 컬러 레벨보다 1레벨 어둡게 탈색하여 바탕색을 만든다.

원하는 결과 색조에 따른 블리치 레벨을 각각 예를 들어 이해를 돕고자 한다.

차가운 색조를 원할 경우 컬러도포하기

예 기본 모발 색상은 4레벨(갈색)인데 원하는 컬러가 컬러차트에서 8레벨(잿빛 밝은 황금색)이라면 산화제 20vol 6%는 2레벨 이상 밝게 하지 못하기 때문에 원하는 색상인 8레벨을 얻기 위해서는 먼저 탈색을 하여야 한다.

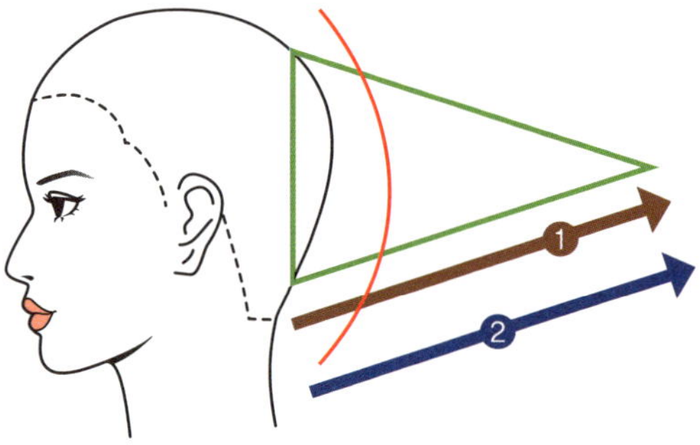

① 탈색제 + 6% 산화제를 혼합한다.

② ① 5 ~ 50분 블리치 9레벨(거의 흰색)까지 마사지하면서 탈색시킨다.

③ 세척 드라이 한다.

④ ② 잿빛 밝은 황금색(8레벨)을 염모제 도포한다(모발의 길이에 따라 두피 1 ~ 1.5cm 띄우고 도포).

⑤ 25 ~ 35분 자연방치한다.

⑥ 유화-샴푸한다.

금발 색조를 원할 경우 컬러도포하기

예 자연모 베이스 – 어두운 갈색(3레벨)
  원하는 컬러 – 금빛 밝은 황금색(8레벨)

먼저 탈색으로 블리치 레벨을 원하는 컬러레벨과 같은 단계인 9단계(밝은 노랑)까지 바탕색을 만든 다음 염모제 금빛 아주 밝은 황금색을 도포해야 금빛 색조를 얻을 수 있다.

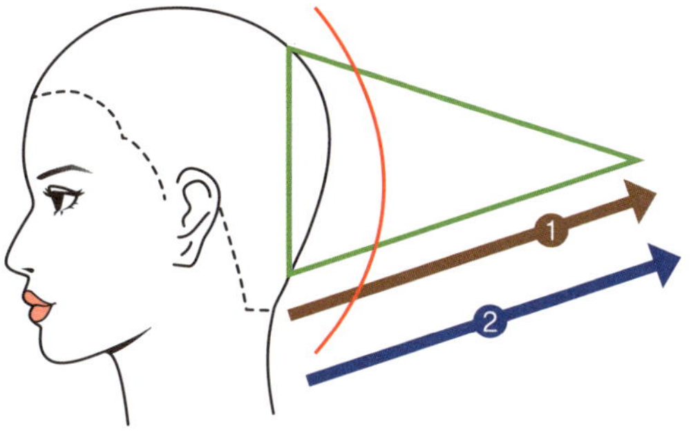

① 탈색제 + 6% 산화제를 혼합한다.
② ① 5 ~ 50분 블리치 8레벨까지 탈색한다.
③ 세척, 드라이 한다.
④ ② 금빛 아주 밝은 황금색(9레벨) 염모제 도포한다(모발의 길이에 따라 두피 1~1.5cm 띄우고 도포).
⑤ 25 ~ 35분 자연방치한다.
⑥ 유화 – 샴푸한다.

붉은 색조를 원할 경우 컬러도포하기

예 자연모 베이스 – 갈색(4레벨)
원하는 컬러 – 적빛 황금색(7레벨)

먼저 탈색으로 블리치 레벨을 원하는 컬러 레벨보다 1단계 어두운 레벨인 6단계(오렌지)로 만든 다음 적빛 황금색을 도포해야 적빛 반사빛을 얻을 수 있다.

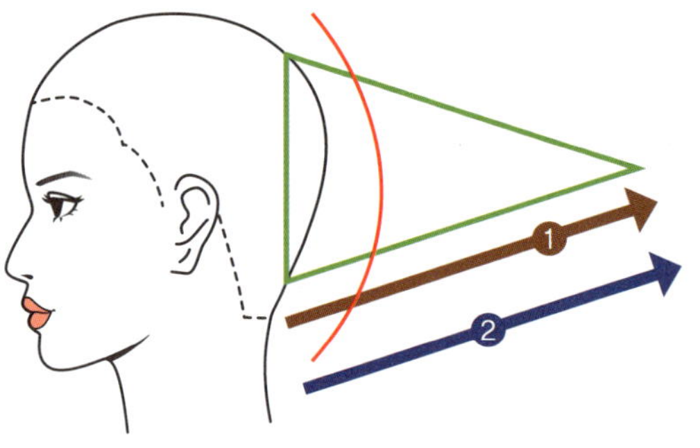

① 탈색제 + 6% 산화제를 혼합한다.
② ① 5 ~ 50분 블리치 6레벨끼지 탈색힌다.
③ 세척, 드라이 한다.
④ ② 붉은 황금색(7레벨) 염모제 도포한다(모발의 길이에 따라 두피 1 ~ 1.5cm 띄우고 도포).
⑤ 25 ~ 35분 자연방치한다.
⑥ 유화 – 샴푸한다.

2 색조를 바꾸기 위한 원리

색조를 바꾸고자 할 때 현재 하고 있는 색조와 염색하고자 하는 색조가 일치해야 한다.
색조가 일치해야만 원하는 결과 색상을 정확하게 얻을 수 있다.
염색은 밝은 색에서 어두운 컬러로 바꾸기 쉽고 금빛 색조에서 붉은 색조로 바꾸기는 쉽지만 어두운 색을 밝게 하고 붉은 색조를 금빛 색조로는 하기가 어렵다.
보색 단계를 이용하여 무채색의 원리를 응용할 수는 있지만 원하는 색조를 얻기가 힘들다.
예를 들어 모발이 적자빛(마호가니) 색조를 띠고 있는데 금빛으로 변화를 원한다면 원하는 결과 색조를 얻을 수 없다.
금빛 → 구릿빛 → 적빛 색조 순으로는 염색할 수 있으며 차가운 컬러의 색조에서 따뜻한 컬러의 색조로 또는 따뜻한 컬러 색조에서 차가운 색조 컬러의 색조로 바꾸는 것은 불가능하다.
단 붉은 색조를 중화하여 갈색으로 하고 싶을 때 잿빛 색조를 사용한다.

샴푸 블리치 (Shampoo Bleach)

- 자연 모발에서 자연스런 밝기의 탈색을 원할 때 한다.
- 자연 모발에서 염색을 2레벨 이상 밝게 하기를 원할 때 한다.
- 코팅의 색조를 나타내고자 할 때 한다.

탈색제 10g + 산화제 6% 30㎖ + 샴푸 6㎖ + 온수 60㎖ 1 : 1 : 1 : 적당량

- 혼합하여 방치시간은 5 ~ 50분까지 원하는 바탕색상을 만든 다음 세척 코팅이나 염색을 한다.
- 샴푸 블리치에서 샴푸는 알칼리 성분으로 모표피를 열어 주고 고르게 탈색하여 얼룩지는 것을 방지하는 작용을 한다.

블리치 테크닉의 포인트

- 블리치제에는 트리트먼트제 등 조작성이 좋은 성분은 별로 포함되어 있지 않다.
- 깨끗하게 블리치를 하기 위해서는 슬라이스를 통상의 반(0.5cm)으로 한다.
- 모발 손상으로 연결될 수 있으므로 너무 많이 빗질하지 않도록 한다.

클리닉 블리치 (clinic bleach)

탈색제에는 트리트먼트 성분이 들어 있지 않아서 모발의 손상이 크다.
이것을 방지하기 위해서 트리트먼트 성분이 들어 있는 것을 사용한다.

탈색제 + 산화제 6% + 트리트먼트 or 앰플

위의 혼합물을 마른 모발에 섹션마다 골고루 도포하고 방치시간 후 혼합제가 남지 않도록 깨끗이 세척한다.

V

크리에이티브 헤어컬러

V 크리에이티브 헤어컬러

1. 톤의 차이(2톤, 3톤)에 의한 헤어컬러 도포하기

모발에 염 · 탈색을 이용해 2톤, 3톤으로 컬러를 표현하는 기법이다.

1 염모제에 의한 2톤 표현하기

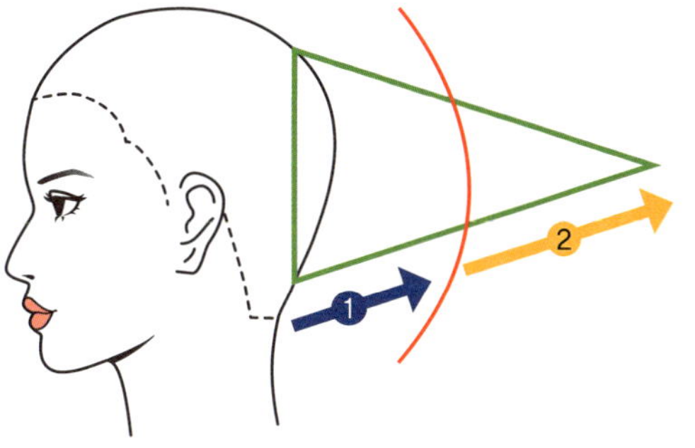

① 원하는 색상으로 같은 계열의 명도차가 2~3단계 차이가 나는 염모제를 선택한다.

② 선택한 염모제 중 명도레벨이 낮은 염모제를 산화제와 혼합한다.

③ 혼합한 염모제를 원하는 부분 ①에 도포한다.

* 전체 모발 길이의 1/2, 또는 1/3 정도

④ 또 다른 레벨의 염모제를 산화제와 혼합한다.

⑤ 혼합한 염모제를 원하는 부분 ②에 도포한다.

⑥ 30분 이상 자연방치한다.

⑦ 테스트 후 원하는 컬러가 표현되면 샴푸한다.

⑧ 드라이로 건조하고 마무리 한다.

2 탈색제 도포로 인한 2톤 표현하기

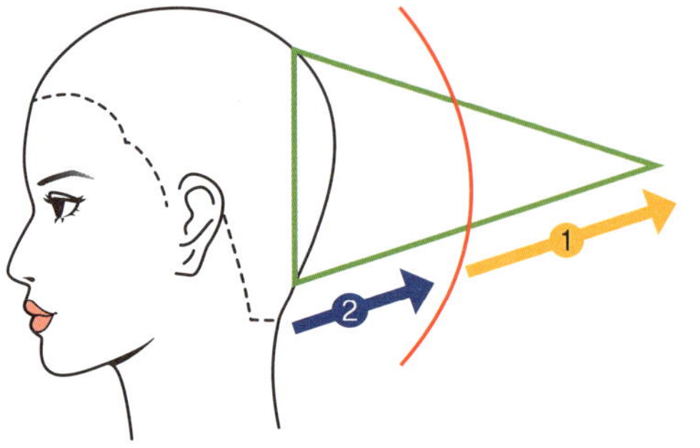

방법 1

① 탈색제를 산화제와 혼합한다.

② 1차 탈색하고자 하는 부분 ①에 탈색제를 도포한다.

③ 남은 탈색제로 2톤을 표현하고자 하는 부분 ②에 탈색제를 도포한다.

④ 핸드링을 통해 2톤을 표현하고자 하는 부분 ①에 탈색을 더 유도한다.

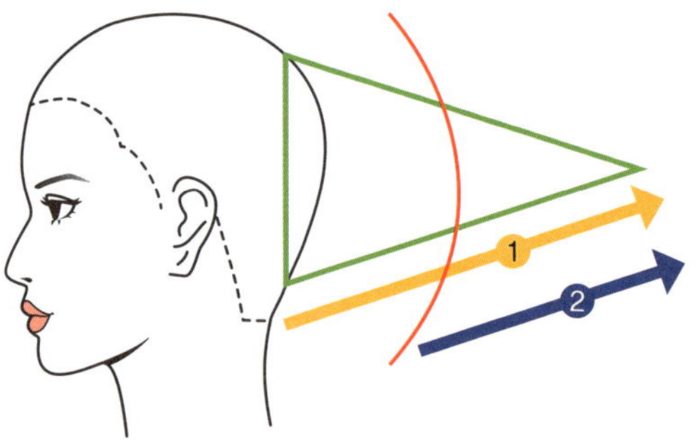

방법 2

① 탈색제를 산화제와 혼합한다.

② 전체 모발에 탈색제를 도포한다.

③ 원하는 톤이 나오면 세척한 후 드라이한다.

④ 2톤을 표현하고자 하는 부분 ②에 탈색제를 다시 혼합하여 도포한다.

⑤ 원하는 톤이 표현될 때까지 시간을 두거나, 핸드링으로 탈색을 유도한다.

⑥ 원하는 색이 나오면 세척한다.

⑦ 건조한다.

3 탈색 후 산성컬러 도포에 의한 2톤 표현하기

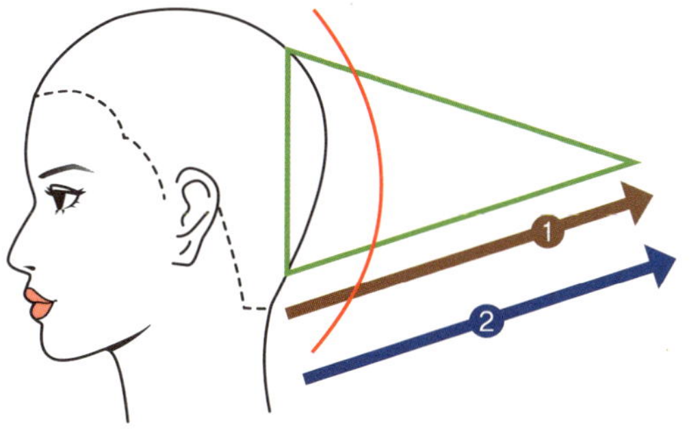

① 탈색제 + 6% 산화제를 혼합한다.

② ①에 전체 도포한다. 원하는 명도레벨이 나올 때까지 시간을 둔다.

③ 원하는 명도레벨이 나오면 세척, 드라이 한다.

④ ②에 원하는 산성컬러를 도포한다.

⑤ ③에 원하는 산성컬러를 도포한다.

⑥ 30 ~ 50분 자연방치한다.

⑦ 원하는 컬러가 표현되면 세척한다.

⑧ 드라이 후 스타일링 한다.

2. 부분 염 · 탈색(위빙)으로 컬러 표현하기

판넬의 구성과 슬라이스, 스트랜드 폭 등의 차이를 이해하자.

1 판넬의 효과

위빙은 잡는 스트랜드와 슬라이스 폭에 따라 보는 방법 효과가 달라진다.
특징을 이해하여 헤어 스타일과 사용 용도에 맞추어 구분 사용하자.

Brick Work

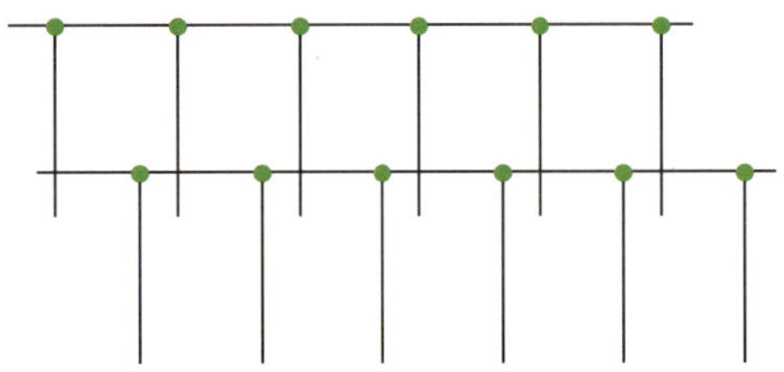

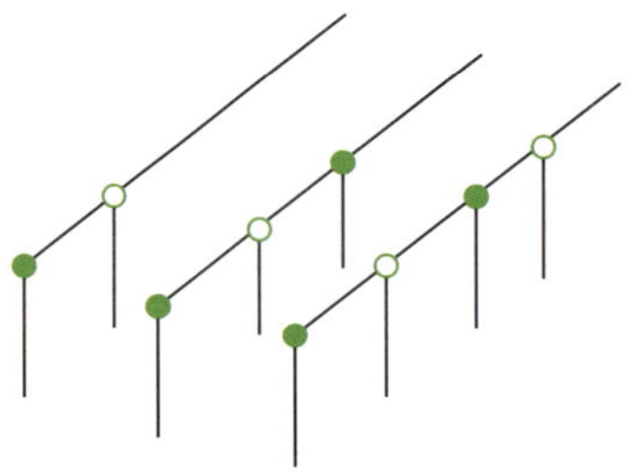

기본적으로 2슬라이스 1조로 생각한다. 스트랜드 잡는 위치를 옮기지 않음으로써 겹침을 방지하고, 전체적으로 부드러운 표현이 가능하다. 하이라이트(로우라이트)를 크게 강조하지 않고 자연스럽게 마무리하고 싶을 때 사용한다.

- 사선 슬라이스의 경우
  위 그림과 같이 같은 위치에서 슬라이스를 잡음으로써 브릭 워크와 같은 효과를 얻을 수 있다.

강조 (Over Lap)

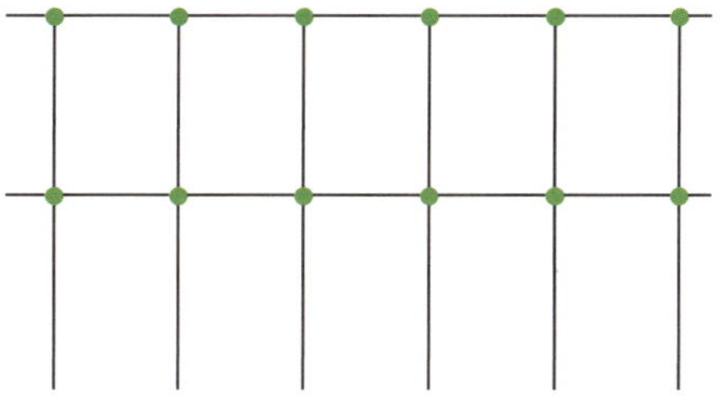

스트랜드를 같은 위치에서 잡아 간다.
스트랜드를 겹침으로써 하이라이트(로우라이트) 부분을 강조할 수 있다.
슬라이싱보다 조금 부드러운 표현이 가능하다.

2 간격에 따른 차이

위빙은 잡는 피치(속도)와 슬라이스 폭에 따라 보이는 방법 효과가 바뀐다.
특징을 이해하여 헤어스타일과 사용 용도에 맞추어 구분 사용하자.

Blend

섬세한 위빙(블랜드)

- 얼룩 수정에 용이하다.
- 솔리드 컬러에 가까운 표현이 가능하다.

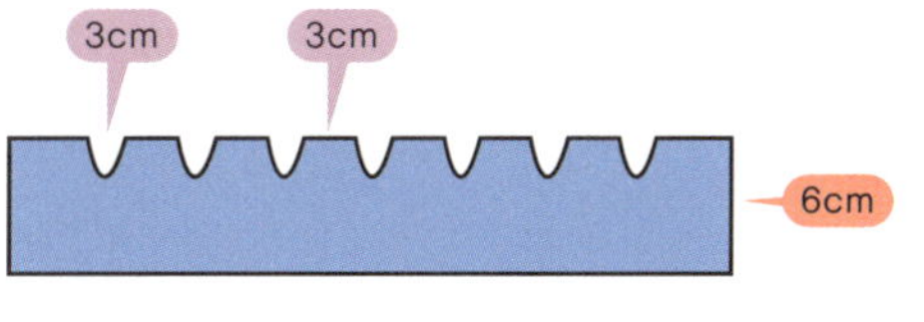

Natural

일반적인 위빙(내추럴)

- 적당한 입체감을 표현할 수 있다.
- 자연스러운 흐름과 질감 표현하기에 적합하다.

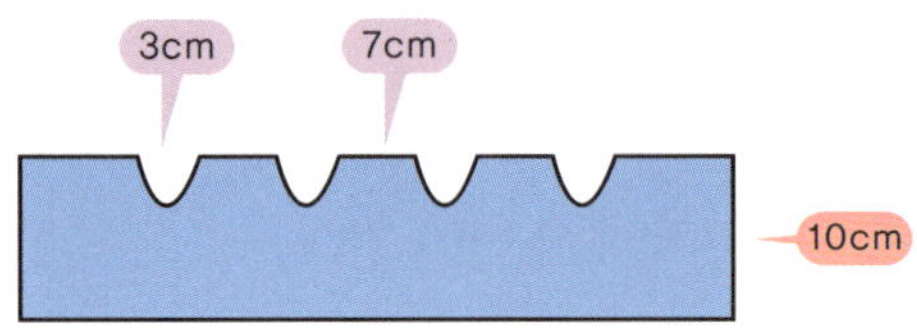

Chunck

강조한 위빙(청크)

- 강조하거나, 디자인 성이 높은 표현에 적합하다.
- 로우라이트에도 적합하다.

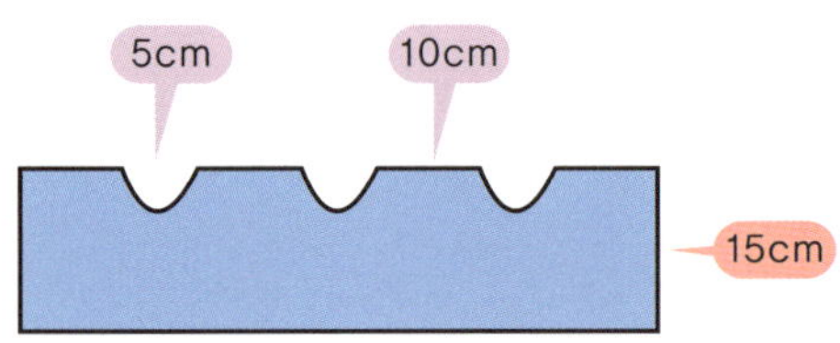

3. 표현과 스타일에 맞춘 섹셔닝

1 트래드 패턴(11섹션)

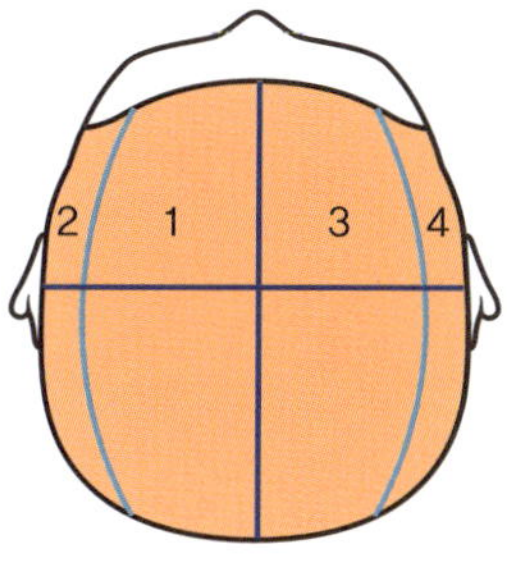

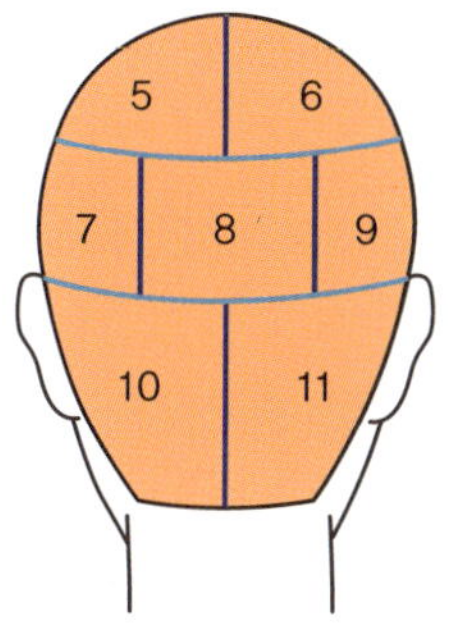

① 1 ~ 6 = 헤드 : 보브 등에 적당하다.

② 1 ~ 9 = 헤드 : 로우 레이어 등에 적당하다.

③ 1 ~ 11 = full 헤드 : 하이 레이어 등에 적당하다.

2 다이아몬드 패턴(7섹션)

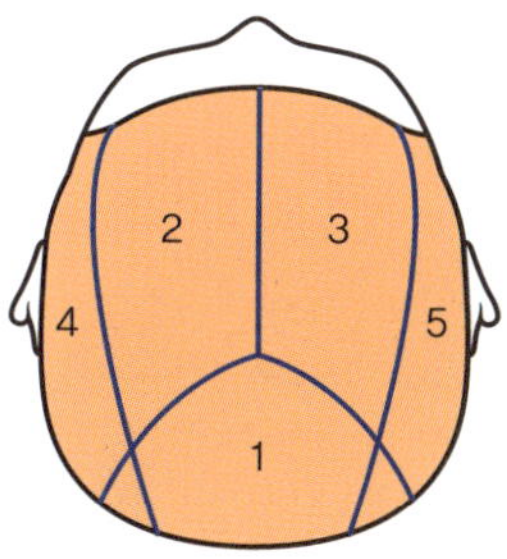

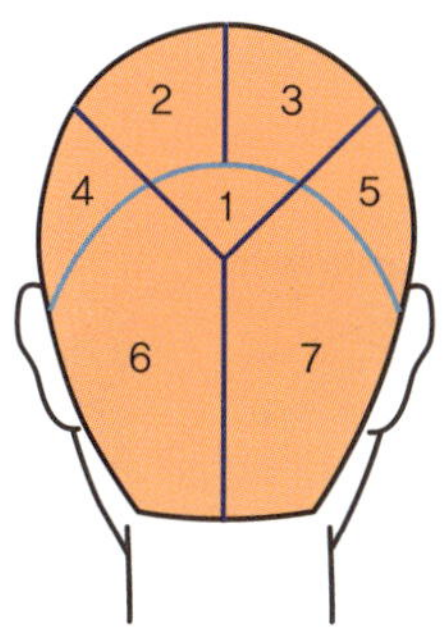

① 1 ~ 3 = 탑 헤드 : 쇼트헤어 등에 적당하다.

② 1 ~ 5 = 하프 헤드 : 보브 등에 적당하다.

③ 1 ~ 7 = full 헤드 : 하이 레이어 등에 적당하다.

4. 위빙 이외의 테크닉

1 슬라이스

슬라이스 전체에 컬러링을 하여 선에서의 표현으로 구성해 나간다. 위빙으로부터 강조한 표현이 된다.

Length Slice – 세로 슬라이스

세로 라인을 강조하고 싶을 때

Side Slice – 가로 슬라이스

깊이와 두께를 표현하고 싶을 때

프리섹션

모발의 큰 흐름에 따라, 움직임을 강조하고 싶은 경우에 적합하다.
액센트 컬러로서 스타일을 강조하고 싶을 때 등에 사용한다. 자유로운 감각으로 하이라이트를 표현한다.

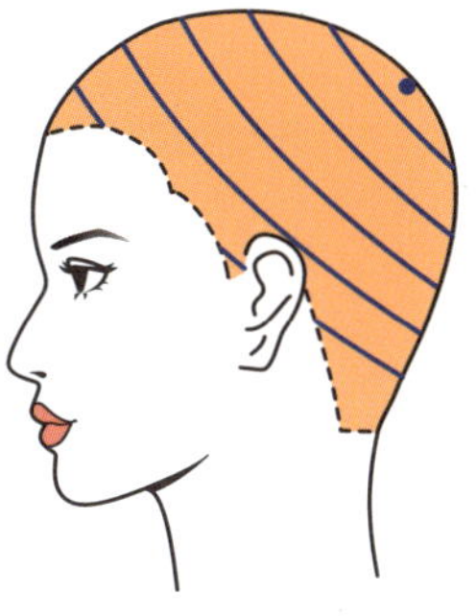

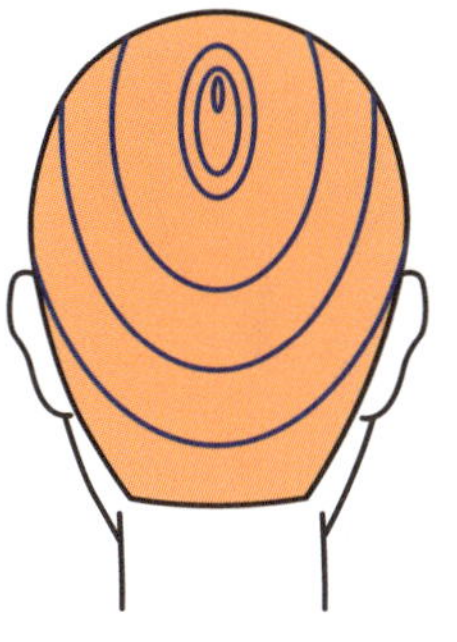

타원 섹션을 잡아 줌으로써 모류에 맞춘 하이라이트(로우라이트)를 자연스럽게 표현할 수 있다.
GP(골덴포인트)를 중심으로 머리의 둥근 모양을 따라 원형으로 섹셔닝한다.

① 테크닉 포인트

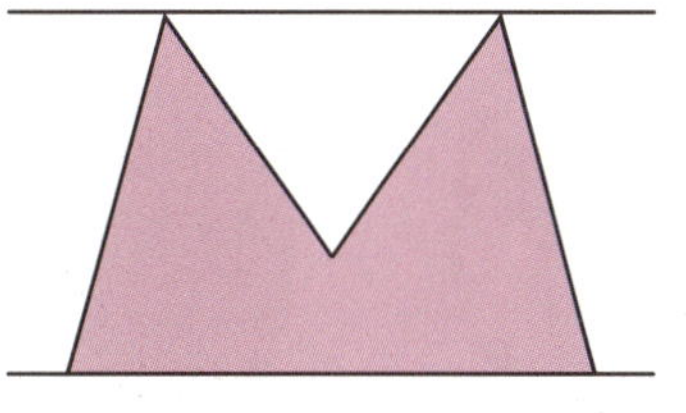

뿌리 부분에 약제가 묻지 않도록 호일을 세 번 접는다.

스트랜드 바르는 법

뿌리 부분은 빗을 세워서 라인이 확실히 나오지 않도록 지그재그로 발라준다.
도포량은 모선 쪽이 많도록 한다.

② Shag – 쉐그

- 1cm 폭 정도를 기준으로 크게 잡는다.
- 모속의 흐름을 강조하거나, 모선에 움직임을 주는 표현이 가능하다.

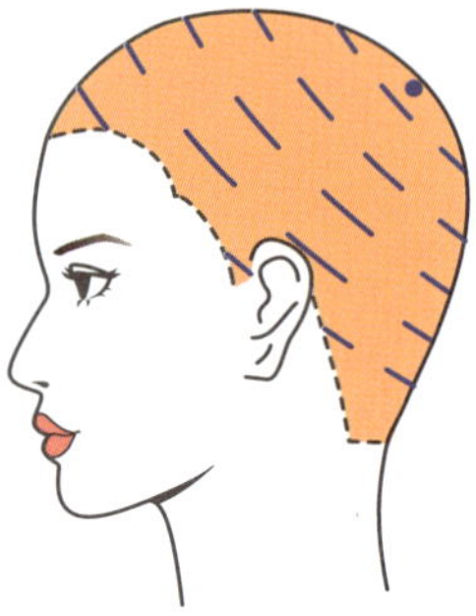

- 일률적이지 않고 자연스러운 느낌이 나도록 크기를 바꾸어가며 잡는다.

③ Triangle – 트라이앵글

- 모속을 삼각으로 잡는다.
- 삼각형의 베이스를 잡음으로써 쉐이프의 방향에 따른 표현의 차이를 즐길 수 있다.
- 삼각형의 베이스를 모발의 흐름에 맞추어 임의대로 잡아 간다.

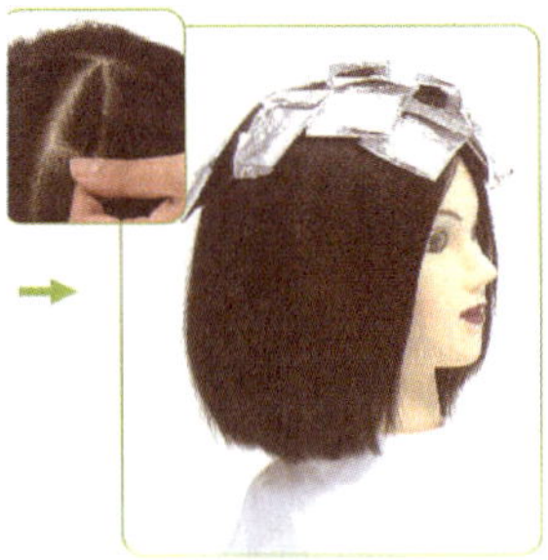

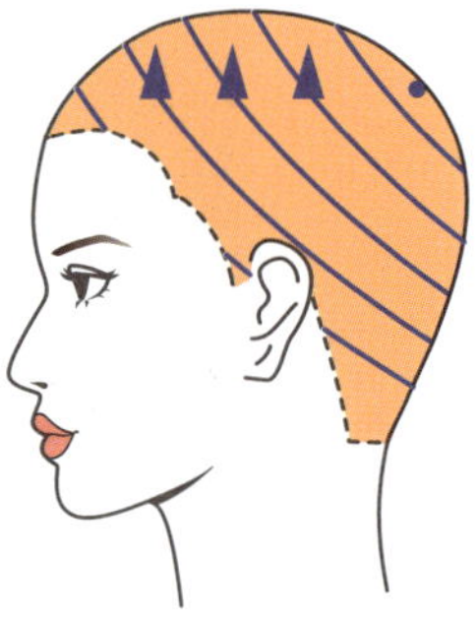

뒤쪽으로 흐르도록 한 쉐이프　　똑바로 쉐이프 한 경우

쉐이프에 따른 표현의 차이

Ⅵ

헤어컬러 마무리하기

VI 헤어컬러 마무리하기

1. 샴푸잉

1 샴푸할 때 주의사항

① 샴푸할 때 물의 온도는 38 ~ 40℃가 적당하다.
② 샴푸를 문지를 때는 손톱으로 하지 말고 손가락 끝마디 부분으로 가볍게 문지르며 마사지 한다.
③ 두발은 수분을 흡수하기 때문에 두발을 너무 강하게 비비지 않는다.
④ 샴푸제는 한 번에 너무 많이 사용해도 효과는 없고 오히려 두발을 손상시키는 원인이 되므로 적당량을 사용한다.
⑤ 샴푸 후에 드라이를 할 때는 두발을 충분히 타월로 닦아내고 완전히 말린다.

2 샴푸 시술 테크닉

① 어깨 힘을 빼고 손목을 가볍게 움직인다.

② 머리를 감싸듯 힘을 넣는다.

③ 좌우 같은 힘으로 동시에 움직인다.

④ 될 수 있으면 다섯 손가락을 모두 이용하도록 한다.

⑤ 속도를 천천히 조절한다.

2. 샴푸대에서의 테크닉

1 연화(에멀전)

① 슬라이스 라인 등에 묻은 약제를 지우기 쉽도록 가볍게 적신 다음 마사지 한다.

② 가볍게 마사지 해줌으로써 약제가 모발에 균일하게 발라지게 하는 효과도 있다.

2 토너(컬러 베이스)

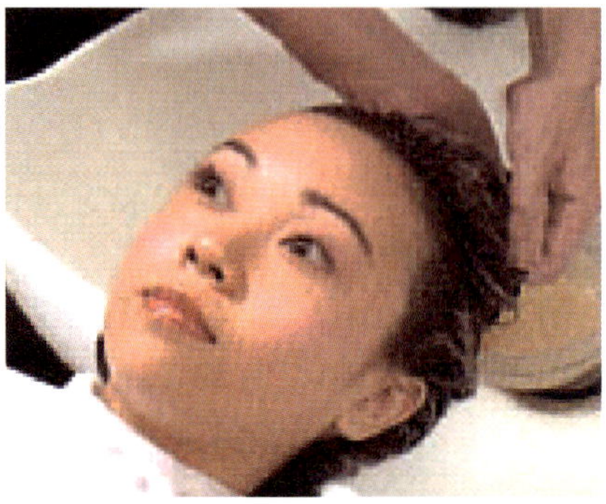

① 효과색을 전체적으로 정리하거나, 퇴색한 모발에 색을 주는 경우에 사용한다.

② 가볍게 물로 적신 다음 약제를 도포한다.

③ 2제의 농도는 효과에 따라 조정한다.

3. 샴푸시술

① 두피를 전체적으로 지그재그 방향으로 마사지한다.

② 두피 전체에 둥글게 원을 그리듯이 마사지한다.

③ 두부를 전체적으로 가볍게 손가락으로 튕겨준다.

4. 블로우드라이 시술

1 블로우드라이 포인트

① 모발의 방향성을 이해한 표현의 연출이다.

② 하드와 소프트의 관계에 대한 대조의 세계이다.

③ 메이크업, 패션과 동일한 헤어스타일의 질감 표현이다.

④ 두피에 대한 업스템, 다운스템이다.

⑤ 전두부(프런트)와 측두부(사이드라인)의 무게감과 반응하는 관계이다.

⑥ 각 제품 용도에 대한 이해를 한 후 스타일을 연출한다.

2 블로우드라이 시술순서

올바른 블로우드라이법

① 머리를 감고 수건으로 가볍게 눌러 물기를 제거한다.
수건으로 머리를 감싸 물기를 제거할 때 오래 있으면 비듬, 가려움증의 원인이 되므로 4 ~ 5분 이내로 물기를 제거한다. 이때 문질러 닦으면 마찰로 인해 모발이 상할 수 있으므로 주의한다.

② 엉킨 머리카락을 빗질로 잘 정리 정돈한다.
물리적인 힘으로 강하게 빗질하지 말아야 한다. 수분이 있어 모발이 더 잘 늘어나기 때문이다.

③ 손상이 심한 모발은 미리 모발 보호제품을 도포한 후에 드라이한다.

④ 블로우드라이 시 일반적으로 두피쪽(모근) 부분부터 드라이 한다. 두상과 드라이어와의 간격은 15 ~ 20cm 정도가 적당하며 약간 젖은 상태에서 드라이한다. 드라이 시 한쪽에 집중적으로 바람을 주면 뜨거운 열과 수분 때문에 두상에 화상을 입거나 모발이 손상될 수 있으므로 주의한다.

⑤ 전체적으로 모발을 어느 정도 말린 후에 블로우드라이로 스타일을 연출할 때는 모발을 보호하기 위해 모발과 약 2~5cm 간격을 두고 드라이 하도록 한다.

⑥ 두상 파팅을 전체적으로 4 ~ 5등분한다.

⑦ 파팅 후 블로우드라이로 스타일 연출 시 다음의 단계로 진행한다.

- 모발의 방향(모류) 정리 : 사람마다 모발은 두피각도 90°로 나지 않았고, 또한 스타일에 따라 모발의 방향을 바꿔줘야 한다. 이때 원하는 스타일을 위해 모류의 방향을 교정해야 한다.
- 뿌리 살리기(볼륨 형성) : 스타일에 따라 전두부, 두정부의 모발의 뿌리에 볼륨을 준다.
- 모발을 모근에서 모근 방향으로 내려오면서 원하는 스타일
  (예 스트레이트, C컬, S컬의 스타일)
- 모근까지 전체적으로 원하는 스타일로 연출한다.
- 마지막으로 정리 정돈을 하고, 헤어스타일링 제품을 도포하여 마무리 한다.

3 블로우드라이 시 주의사항

① 드라이어의 송풍구와 브러쉬는 약 1cm 정도 거리를 두고 온풍으로만 스타일링 한다. 송풍구로 브러쉬 위에 놓인 모발을 직접 누르며 시술할 경우 불필요한 텐션 및 직접적인 가열에 의해 모피층의 손상을 초래할 위험이 높다.

② 슬라이스 폭은 2 ~ 3cm를 뜨고 가로의 폭은 브러쉬의 폭보다 약간 좁게 뜬다.

③ 드라이어의 열에 의해 모발이 연화되어 있는 상태이므로 불필요한 브러쉬 회전은 삼가고 정확하고 큰 원운동을 유지한다.

④ 모발의 끝쪽은 특성상 텐션이 잘 주어지지 않는 곳이므로 수회 반복하여 드라이해야 하며 이때 모표피의 손상도를 꼭 체크하여야 한다.

⑤ 모근 쪽의 드라이 시 스타일 구성에 필요한 볼륨을 감안하여 브러쉬의 접근 각도를 설정한다.

⑥ 모발이 가늘어서 잘 안서는 머리

- 며칠 동안 머리를 감지 않은 경우 : 머리가 가라앉는다.

⑦ 유분이 있어 열이 잘 흡수되지 않을 경우 알칼리 샴푸로 세척한다.

⑧ 드라이 시 연기가 나면 린스를 많이 하지 않는다.

⑨ 모발이 숱이 적고 가늘다.

- 섹션을 좀 많이 떠야 한다.

섹션을 작게 뜨면(받쳐 주는 양이 적어서 힘이 없다) 볼륨이 빨리 가라앉는다.

섹션을 많이 뜨면(많은 양이 힘을 준다) 모발과 모발이 어우러져서 볼륨이 좀 더 산다.

⑩ 모근의 방향이 올바르지 않으면 스타일이 나올 수가 없다.

대개 사람들의 모근 방향이 누워서 나거나 제각각이어서 드라이하기 전에 먼저 모근의 방향을 잡아야 한다. 그 다음에 스타일을 낸다. 짧은 커트가 영향을 많이 받는다. 긴 머리는 영향을 많이 받지 않는다.

5. 정리 정돈하기

① 염색 브러쉬와 염색볼을 깨끗이 씻어서 말린다.

② 염색보와 사용한 수건 등을 세탁기에 넣는다.

③ 시술대, 시술의자에 묻은 염색약이 있으면 깨끗이 닦는다.

④ 바닥에 떨어진 염색약을 깨끗이 닦는다.

⑤ 사용한 염모제를 정리하고 도포하고 남은 염색약은 금방 사용할 것이 아니라면 버린다.

VII

헤어컬러 Q & A

VII 헤어컬러 Q & A

블리치 시에 두피가 따가우면?

두피가 예민하여 따가울 수 있으므로 세척을 한다.

염색 시에 발열이 일어나는 이유는?

과산화수소 중화제 혹은 블리치 염색 시에 발열 + 분해 작용으로 열이 발생한다.

염색 시에 열처리 기구를 사용하는 것이 좋을까?

열처리 기구를 사용하면 방치시간을 단축시킬 수 있다. 그러나 뜨거운 열에 의해 두피 부분 부분 염색이 일정하게 발색되지 않아 얼룩져 보일 수 있으므로 주의해야 한다.

염색 시에 빗질을 하는 것이 좋을까?

빗질을 하여 붙어 있는 모발에 산소를 공급할 수 있으나 빗질을 너무 과하게 하면 큐티클을 손상시킬 수 있다.

염색 시술 중에 비닐캡을 사용하는 것이 좋을까?

고르게 온도 분포를 할 수 있으나, 두피 열에 의해 염색이 얼룩져 보일 수 있으므로 주의한다.

염색 색상을 지우고 싶을 때 효과적인 방법은?

탈색과 트리트먼트를 번갈아 시술하면서 염색 색상을 제거한다.

효과적인 흰머리 커버를 위해서 무엇을 사용해야 하는가?

명도레벨이 낮은 염모제를 사용한다.

모발이 붉게 염색될 때의 조제 비율은?

탈색하기 어려운 모발은 물과 펌제를 1:1로 혼합하여 도포 5분 후 블리치 해야 모발을 팽윤시켜 멜라닌 파괴를 쉽게 하여 과산화수소의 작용을 용이하게 한다.

염료 1제와 2제의 비율을 1:2로 사용하면 밝게 마무리될까?

1 : 1로 사용한 경우보다도 브릿지력은 약간 올라가지만, 배가 된다고는 말할 수 없다. 또 2제의 양이 늘어나는 만큼 염료가 엷어지므로 색은 연해지게 된다.

기타 컬러제의 2제를 사용해도 좋으나, 같은 과산화수소이므로 효과가 같다고 할 수 있는가?

2제에는 산화제로서의 역할뿐만 아니라 1제와의 혼합 밸런스에 따라 믹스 시의 점성을 만드는 역할도 한다. 그러므로 다른 컬러제의 2제를 사용한 경우 점성이 바뀌므로 도포량에 영향을 주게 되고 결과적으로 발색이 바뀔 수 있다. 가능한 한 같은 컬러제의 2제를 사용하도록 한다.
(※ 회사별로 1제와 2제의 믹스 트리트먼트 효과도 향상할 수 있도록 설계되어 있다.)

모발이 젖은 상태에서 헤어 컬러를 하면 어떻게 됩니까?

모발이 젖어 있으면 컬러제를 물로 엷게 하는 것과 같은 현상이 나타나므로 ① 염료가 옅어짐 ② 과산화수소의 농도가 낮아지는 현상 등을 생각할 수 있다. 결국 색은 약해지고, 브릿지력도 낮아진다. 단 브릿지력이 낮아지는 만큼, 모발의 손상은 덜할 수 있다.

같은 색으로 염색해도 사람에 따라 퇴색이 다른 이유는 무엇입니까?

모발의 손상 정도와 홈 케어의 방법에 따라 같은 색으로 염색해도 퇴색의 정도는 바뀐다. 이외에도 생활 환경의 차이에 의하여 자외선(태양선), 염소(풀장의 물 등), 철이온(수도물) 등의 영향을 받는 경우도 있다.

백발 염색(검은 염색)으로 염색한 모발은 왜 밝게 되기 어렵습니까?

기본적으로 한 번 중합한 염료는 모발 내부에서 거대 분자화되어 있기 때문에, 보통의 컬러제에서는 제거할 수 없다. 또 특히 백발 염색(검은 염색)의 컬러제의 경우, 검은색의 염료가 확실히 염착되어 있기 때문에 밝게 되기 어렵다. 브릿지제 등을 사용하여 남은 멜라닌 색소를 표백함으로써 모발을 약간 밝게 하는 것이 가능하지만, 모발 손상이 커지게 된다.

전처리와 후처리는 왜 필요한 것입니까?

전처리는 모발의 컨디션을 정리함으로써 ① 약제에 의한 손상 방지, ② 염착을 좋게 함, ③ 과잉 염착 방지 등의 효과를 위하여 필요하다. 또 후처리는 pH를 서서히 안정된 상태로 정리하고 모발에 남아 있는 알칼리와 과산화수소를 제거하는 등의 작용에 의하여 손상과 퇴색을 방지하는 효과가 있다.

모발이 손상된 경우 너무 많이 염색되거나, 염색되지 않는 것은 왜 그렇습니까?

모발은 손상이 진행되면 큐티클이 없어지며 매트릭스도 유출된다. 또 손상이 있는 부분은 친수성(수분과 친숙해지기 쉬운 성질)이 된다. 이에 관하여 산화 염료는 수용성이기 때문에 손상이 있는 부분에 염착이 쉬워 과잉 염색될 수 있다. 또 매트릭스와 큐티클이 없으면 산화염료는 중합해도 모발 내부에 정리되지 않고 빠져나가 떨어지기 쉽고, 색이 남아있지 않은 상태로 되어 버린다. 이런 현상들을 방지하기 위해서 P.P.T 등으로 사전에 모발을 보수할 필요가 있다.

산성 컬러를 한 모발이 염색되기 어려운 이유는 무엇입니까?

산성 컬러는 큐티클 표면에 피막을 붙이듯이 염착되어 있다(컬러제의 종류와 특징을 참고하도록 한다). 모발의 표면이 코팅되어 산화 염료와 알칼리제가 침투하기 어렵게 되며 그 결과 알칼리 컬러의 염색은 나빠진다.

축모 교정을 한 모발이 염색되기 어렵거나, 너무 밝게 나오거나 하는 이유는 무엇입니까?

원인으로 ① 모발 표면에 코팅을 하게 되어 컬러제가 침투하기 어려움, ② 아이론의 잘못된 조작성에 의해 모발 단백질이 변성되어 과잉 반응을 일으킴 등을 생각할 수 있다. 이런 가능성이 있는 경우에는 스트랜드 테스트를 행하여 모발 상태를 확인해 본다.

후처리에서 산성린스를 쓰면 정말 발색이 좋아지나?

무조건 발색이 좋아진다고는 말할 수 없다. 헤어 컬러 직후에 급격하게 pH를 산성 쪽으로 돌리면, 색에 따라서 진하게 되어 버리거나 색상이 변할 수 있으므로 주의하도록 한다.

애프터 샴푸 시에 주의할 일은?

먼저 물의 온도가 높으면 염료의 유출과 두피의 자극으로 연결되므로, 조금 미지근한 물이 좋다. 또 “유화”는 염료를 균일하게 바르거나, 컬러제에 함유된 계면활성제의 작용으로 피부에 있는 더러운 것을 떼어 내는 효과가 있으므로 가능한 한 시술하는 것을 권한다.

컬러 용어 사전

ㄱ

가루탈색제 lightener
강하고 빠르게 작용하는 분말 블리치제

그레이 컬러 Gray Color
백발 염색을 말한다. 또 백발이 섞인 모발을 그레이 헤어라고 말한다.

기본색상 color base
자연적으로 가지고 있는 자연모발의 색상

ㄷ

더블 프로세스 Double Process
2번의 샴푸 공정이 들어가는 컬러링을 말한다. 예를 들어 한 번 리프트-업하여 씻어낸 후부터 시술을 행하는 기술이 있다.

덜 컬러 Dull Color
희미한 색을 말합니다. 반대의 색으로써 클리어 컬러가 있다.

데미지 헤어 damage hair
손상모

딥클렌징 deep cleansing
원하지 않는 명도와 색조를 지우고 싶을 때 사용하는 방법

ㄹ

라이트닝 lightening
모발 색소를 밝게 하는 것

레벨 level
특정 모발 색상의 밝고 어두운 정도, 명도라고 한다.

ㅁ

메저컵 measure
눈금있는 컵

멜라닌 melanin
모발과 피부의 자연색소

명도 depth
특정 모발 색상의 밝고 어두운 정도

모발팽윤 hair, selling of
알칼리 상태에서 모발은 팽창하여 염모제 등이 모발에 쉽게 침투할 수 있게 된다. 염모제와 탈색제, 펌 용제는 모두 알칼리(pH 7.0~10)이다.

미립자 granule
멜라닌을 포함하는 미세한 입자

ㅂ

반영구 염모제 haircolor, semi-permanent
4회에서 8회 정도의 샴푸로 씻겨져 나가는 비산화염모제

버진헤어 virgin hair
화학적 시술을 전혀 하지 않은 건강모

보색 complementary color
색상환에서 3원색이 서로 마주 보는 색. 보라-노랑, 빨강-초록, 파랑-주황

분산 dispersing
멜라닌이 탈색제에 의해 변화되는 것

블록 Block
작업하기 쉽도록 나누어 놓은 모속을 말한다.

비산화염모제 haircolor, non-oxidative
pH 8.0~9.0의 약 알칼리제이며 밝게는 할 수 없다.

ㅅ

산 acid
용액 속에서 이온화하며 용제의 양이온을 주는 물질

산균형 acid balanced
보통 pH가 4.5 ~ 5.5 사이인 모발, 피부 또는 두피용 특정 제품. 천연 산성막으로 보완해준다.

산도 pH
액체 용액의 산과 알칼리의 정도. pH는 0에서 14까지 수치로 표현되는 척도이며 pH7은 중성이다.

산화염모제 haircolor, oxidative
2제와 함께 작용해 영구적으로 모발에 착색시키는 염모제. 오랜 시간에 걸쳐 아주 점진적으로 퇴색된다.

삼차색 tertiary colors
기본색상과 이차색상을 혼합하여 만든 색상. 노랑-초록, 노랑-오렌지, 빨강-오렌지, 빨강-보라, 청색-녹색, 청색-보라

색상범주 fields of color
색상의 일반적 범주. 맑은, 중간, 어두운 범주로 나눈다.

색상환 colorscope, color wheel
컬러리스트가 원하는 새로운 모발 색상을 처방하는데 도움이 되는 표

색소 pigment
자연 또는 인공의 색

색조 tone
모발 색상의 따뜻함 또는 차가움을 나타내는 색조

섹션 Section
디자인을 용이하게 하기 위하여 모발을 부분적으로 나누는 것을 말하며 그 나눈 부분을 섹션이라고 한다.

솔리드 컬러 Solid Color
Solid는 '농담이 없는 무지의'라는 의미로 전체를 같은 색으로 염색하는 것을 말한다.

수소이온 hydrogen ion H^+
물분자가 이온화될 때 생성되는 음전하의 산소와 수소원자. 이것이 음이온인 이유는 이온화를 통해서 얻어진 여분의 전자 때문이다.

스트랜드 Strand
모발의 숱의 의미로부터 생겨난 말. 컬러를 체크하기 위한 모속과 위빙 시의 모속을 말한다.

시스테인 cystein
자연적으로 생겨나는 아미노산, 시스테인은 적멜라닌 생성에 도움을 준다.

싱글 프로세스 Single Process
1번의 컬러링으로 종료하는 시술 방법. 예를 들어 버진모의 시술 등을 말한다.

⊙

알칼리 alkali
용액 속에 있는 수산화이온을 끌어당겨서 pH를 7 이상으로 높이는 화학약품 또는 물질

알칼리성 al kaline
수산화 이온을 포함하고 있으며 pH가 7 이상인 용액을 지칭한다.

암모니아 ammonia
강알칼리 용액으로 큐티클을 부풀리고 산화염모제를 도와 모발을 탈색한다.

액체 타입의 염모제 haircolor liquid
아주 묽은 염모제

언더코트 under coats
모발을 탈색할 때 얻어지는 바탕색상

염료 dyes
기본, 이차, 삼차색상을 제공하는 화학분자들로 화학자들은 이러한 염료들을 다른 화학 물질들과 혼합하여 염모제를 만든다.

영구 permanent
염색에서 산화 염모제의 또 다른 말

욕비
일정 모발에 대한 도포량과 비율을 말함. 비율이 높아지는 것에 비례하여 염착력이 높아진다.

원 터치 One-Touch
뿌리부터 모선까지 한 번에 도포하는 것을 말한다. 버진 헤어의 그레이 커버와 더블 컬러 시에 사용한다.

위빙 Weaving
"뜨다", "짜다"라는 의미에서 파생된 말. 편물을 짜듯이 모속을 잡아 가는 기법. 하이 라이트와 로우 라이트를 표현할 때 이용한다.

유화작용 emulsify
염색 도포 후 샴푸하기 전에 모발을 따뜻한 물로 적신 다음 모발과 두피를 마사지함으로써 인공색소 안착을 도와주고 두피에 묻은 염색제가 잘 씻겨 내려가도록 하는 작용이다.

이온 ion
전자를 얻거나 잃은 원자로 이루어진 분자를 지칭하기도 한다.

이온화 ionization
한 분자의 분해 또는 쪼개짐. 수소양이온과 수산화 음이온이 형성된다.

2제 developer
산화작용제로 산화염모제, 탈색제와 혼합되어 모발을 탈색시키는 산성의 과산화수소수이다.

2제 3% developer, 10 volume
강도가 낮은 산화제

2제 6% developer, 20 volume
산화염모제와 탈색제를 사용할 때 일반적으로 사용하는 산화제

2제 9% developer, 30 volume
중간 강도의 산화제

2제 12% developer, 40 volume
경험이 많은 컬러리스트에 의해 특정적으로 사용되어야 하는 강도가 높은 산화제

이차색 secondary colors
기본 색상을 서로 섞어 만든 색상. 오렌지(노랑과 빨강), 보라(빨강과 청색), 녹색(노랑과 청색)

인공색소 haircolor, artificial
모발에 염모제를 사용하여 만들어낸 색상

일시염모제 haircolor, temporary
1회의 샴푸 후에 씻겨 나가는 염모제

㉣

자연모발 색상 hair color natural
멜라닌에 의한 자연적인 모발 색상

자율신경 autonomic nerve
단백질 합성효소에 작업명령 전달

중화하기 neutralize
색조를 바꾸고 싶을 때 보색을 이용하여 중화한다.

질감 texture
모발의 부드러운, 거친, 또는 뻣뻣한 느낌

㉧

착색 deposit
모발에 인공색소를 투여

처방 fomula
염료들과 2제를 혼합해 특정 색을 만드는 것

㉪

카운슬링 Counselling
헤어스타일에 대한 고객의 희망을 듣거나, 모발 진단을 행하는 기술을 결정할 때 하여 준다.

컬러 리무버 color remover
두피나 페이스라인에 묻어있는 염모제를 지우는데 쓰임

컬러매치 color match
명도와 색조가 퇴색되어 너무 밝아 어두운 색조로 염색하려고 할 때 그 부분에 제 1제의 색소를 더 넣어주는 방법이다.

커버력 coverage
흰머리를 염색하는 능력

케라틴 keratine
모발을 구성하는 불용성 단백질로 20가지 정도의 아미노산에 의해 소낭(follicle)안에서 형성된다. 케라틴은 모발 무게의 95% 정도를 차지한다.

케이프 cape
염색 시 어깨에 두르는 어깨보

크림 타입의 염모제 haircolor cream
약간 진한 밀도를 갖고 흘러내리지 않게 만든 염모제

클렌징 cleansing
원하지 않는 색조를 지울 때 시술하는 방법

ㅌ

탈색 decolorization
모발의 자연색소를 밝게 하는 것

탈색제 lightener
자연색소를 탈색하는 제품

톤 Tone
헤어 컬러에서는 색을 바른 마무리의 밝기를 말한다.

퇴색 fading hair
자연적 또는 화학적 작용에 의해 색이 빠져 나가 바래는 것

투 터치 Two-Touch
2회로 나누어 도포하는 것을 말한다. 버진모인 경우의 도포, 기염부와 신생부를 시간차를 정하여 도포하는 경우 등에 사용한다.

티로신 tyrosine
자연 멜라닌 생성을 위한 필수 아미노산

틴트 tint
산화염모제

ㅍ

패치 테스트 patch test
염모제가 알레르기 반응을 나타내는지 알아보기 위한 피부테스트

프리 피그멘테이션 pre-pigmentation
명도와 색조가 퇴색되어 너무 밝아 어두운 색조로 염색하려고 할 때 먼저 색으로 보정해주는 시술을 하는 방법

프리소프테닝 pre-softening
저항성 모발이나 신생부가 길 때 또는 흰머리에 하는 시술방법

피질세포 cortical cell
소량의 멜라닌 색소를 함유하며 마이크로 피브릴과 간충물질이 있다.

ㅎ

하이라이트 Highlight
모발 전체를 밝게 하는 것이 아니라 위빙 등으로 부분적으로 밝게 하는 것으로 전체를 밝게 보이게 하거나 입체감을 내는 것을 말한다.

혈관 blood vessel
두피에서 혈관은 모발의 소낭바닥에 있는 세포에 영양분을 운반하여 모발이 성장하고 색상이 만들어지게 한다.

활성제 activator
탈색제와 함께 사용되는 첨가제. 촉진제 또는 촉매로서 탈색의 속도를 빠르게 한다.

휠러 색상 filler
바탕색상의 부족한 색소를 채워주기 위한 색상. 원하는 색상보다 1레벨 어두운 컬러나 같은 컬러의 따뜻한 색조

A

Accelerator 촉진제
H_2O_2와 혼합 산소 방출을 가속화하여 분해를 돕는다.

Accent colour 강조색
색을 부드럽게 하기 위해서 또는 강조하기 위해서 영구적인, 반영구적인, 일시적인 헤어 컬러 등에 첨가되는 농축된 색상 제품

Acid 산
pH가 7.0 이하인 수용액

Activator 활성제
화약 약품의 작용이나 활동을 촉진시키기 위해서 사용되는 첨가제로 부스터, 악셀레이터, 프로테네이터 또는 카타리스트 등으로도 부른다.

Alkaline 알칼리의
pH가 7.0보다 큰 수용성 용액으로 산의 반대임.

Allergy 알러지
특정한 음식이나 화학물질에 극도로 민감해서 나타나는 반응

Allergy test 알러지 조사법
알러지 여부를 알아보기 위해서 조사하는 것으로 패치테스트, 스킨 테스트라고도 한다.

Amino acid 아미노산
신체가 단백질을 합성하는데 사용하는 분자 집단으로 단백질의 구성단위이며 생물체의 단백질에서 22종의 다른 아미노산들이 발견되었다.

Ammonia 암모니아
수소와 질소로 구성된 무색의 자극성 기체로 물에 녹아나는 것을 암모니아수라고 한다. 머리 염색에서 큐티클 층을 팽창시키는데 사용된다.

Ammonium hydroxide 수산화 암모니움
물에 녹은 암모니아의 알칼리 용액으로 줄 영구적인 머리 염색체, 라이트너 조제, 헤어 릴렉서(곱슬머리 푸는 약) 등을 제조할 때에 사용된다.

Analysis(hair) 헤어분석
헤어의 자연색상과 컨디션 등을 알아보기 위한 조사 = Consultation : condition

Ash 회색
녹색계, 청색계, 보라색계, 또는 회색계에 의하여 지배되는 명암이나 색조. 원치 않는 따뜻한 색조들을 중화하기 위해 사용된다.

B

base(alkali) 베이스, 염기
= pH : alkaline

base colour 베이스 컬러
= Colour base

bleeding 피나는 느낌의
적절하지 않은 손질로 인해 호일이나 덮개로부터 틴트나 라이트너가 스며 나오는 것, 염색액 도포 시 옆으로 새어 나오는 것

blending 혼합
하나의 틴트나 색조를 다른 것과 혼합하는 것

blond 블론드
헤어를 흐리게 하는데 적용되는 용어

blonds 결합
분자를 만들기 위해서 원자들이 함께 결합된 것을 말함

brassy tone 놋쇠빛의 색조
헤어의 빨강, 오렌지, 황금색 색조

booster 촉진제
Activator

breakage 손상
헤어가 갈라지고 손상된 상태

build-up 쌓아올림
헤어샤프트에 반복적으로 코팅하는 것

C

Catalyst 촉매제
화학반응 속도를 촉진시키는 데 사용되는 물질

Caustic 부식제
강 알칼리성 물질로 매우 높은 pH레벨에서 화학작용에 의해 단백질 또는 조직들을 파괴하거나 태울 수 있다.

Certified color 공인된 색상
FDA에 의해서 공인된 색상으로 순도에 관한 특정한 기준에 맞는 색상

Cetyl alcohol 세틸 아코올
에몰리언트(연화제)로 사용되는 알코올로 이멀젼(유화)시스템에서 안정제로 사용되며 헤어 염색과 크림, 현상액에서 농축제로 사용된다.

Chekating stabilizer 화합물 안정제
분자들이 금속이온과 결합해서 그들을 비활성 시키는 것

Chemical change 화학변화
물질의 화학구조를 변경시킴

Coating 코팅
헤어샤프트의 외부에 색상을 남기는 것

Colour 컬러
빛에 의해서 야기되는 시각적 느낌

Colour base 기본색상
특정한 헤어 컬러의 기본 색조를 만들어 내는 염료들의 조합

Colour lift 컬러리프트
어떤 물질에 의해서 흐리게 되어질 때에 자연색소, 또는 합성염료가 받는 변화 정도

Colour mixing 컬러믹싱
고객이 원하는 색상을 만들기 위해서 둘 또는 그 이상의 색조들을 혼합하는 것

Colour refresher 컬러 리프레셔
헤어의 외양에 더욱 균일한 색상을 주기 위해서 머리카락 중간과 끝에 바르는 컬러. 자연스런 색상을 강조하기 위해서 샴푸와 함께 쓰는 방법으로 사용하는 컬러로서 컬러 강화제로 불린다.

Colour remover 컬러 리무버
헤어의 인공적인 색소들을 제거하기 위해서 고안된 제품

Colour test 컬러 테스트
틴트나 라이트닝을 하는 동안 색상의 전개과정을 관찰하기 위해서 한 올의 머리카락을 가지고 제품을 시험하는 과정

Colour wheel 컬러 바퀴
서로 상관관계의 순서에 따른 원색, 2차색 그리고 3차색의 배합 조제할 때 사용되는 도구

Complementary colour 보색
컬러 휠에 서로 반대되는 위치에 있는 원색과 2차색(원색 + 원색)

D

Depth 명도
컬러 톤의 강도

Depth Level 명도의 정도
천연색이 얼마나 밝고 어두운지의 정도

H

High Lift 색상 높이기
매우 밝고 오래가는 블론드 색상

HighLight 색상의 포인트
모발 한올 한올에 강조를 주는 컬러링 기법

Horizontal 수평
열십자로 교차하여 컬러링

O

Oxidant 강산성
강산성으로 만드는 과산화소

S

Slice/Slicing 슬라이싱
아주 얇고 가는 섹션

T

Tone 배색
색상의 조화

V

Visual 가시적 결과물
마무리 후 눈으로 평가하는 것

참고자료

1 르벨코스메틱 헤어컬러링 교육자료

2 hair coloring mate, 김주섭외 3인, 리그라인

3 헤어베스트카랄, 조정혜, 외 3인, 훈민사

4 헤어컬러아트, 이미선, 현문사

MEMO

MEMO

헤어컬러링

초판 인쇄 | 2017년 8월 14일
초판 1쇄 발행 | 2017년 8월 21일
초판 2쇄 발행 | 2021년 2월 25일

지 은 이 | 김주섭
발 행 인 | 조규백
발 행 처 | 도서출판 **구민사**
(07293) 서울특별시 영등포구 문래북로 116, 604호(문래동3가 46, 트리플렉스)
Tel (02)701-7421 / Fax (02)3273-9642
Http://www.kuhminsa.co.kr

신고번호 | 제2012-000055호(1980년 2월 4일)
I S B N | 979-11-5813-460-0 [93590]

값 24,000원